东华理工大学研究生教材建设基金资助项目
国家自然科学基金项目(42264002)
江西省高等学校教学改革研究课题(JXJG-22-6-9)
东华理工大学测绘科学与技术一流学科
江西省学位与研究生教育教学改革研究项目(JXYJG-2023-097)
江西省高等学校教学改革研究课题(JXJG-23-6-14)

高等学校测绘工程系列教材

空间大地测量学

Space Geodesy

王建强　李峰　陈志高　卢立果　黄承孝　编著

武汉大学出版社

图书在版编目(CIP)数据

空间大地测量学 / 王建强等编著. -- 武汉：武汉大学出版社, 2024.12. 高等学校测绘工程系列教材. -- ISBN 978-7-307-24465-8

Ⅰ.P228

中国国家版本馆 CIP 数据核字第 2024G8X130 号

责任编辑：杨晓露　　　责任校对：汪欣怡　　　版式设计：马　佳

出版发行：武汉大学出版社　（430072　武昌　珞珈山）

（电子邮箱：cbs22@whu.edu.cn　网址：www.wdp.com.cn）

印刷：武汉贝思印务设计有限公司

开本：787×1092　1/16　　印张：10.5　　字数：232 千字

版次：2024 年 12 月第 1 版　　2024 年 12 月第 1 次印刷

ISBN 978-7-307-24465-8　　定价：49.00 元

版权所有，不得翻印；凡购我社的图书，如有质量问题，请与当地图书销售部门联系调换。

前言

  空间大地测量学是大地测量学中最活跃、发展最迅速的一个分支。利用空间大地测量方法所求得的位置、地球定向参数(极移、日长变化等)的精度以及地球重力场模型的分辨率和精度相较之前均有极大提高。此外,空间大地测量还具有测站间无须保持通视、可全天候观测以及可同时确定三维坐标等优点,促使大地测量学经历了一场划时代的变革。目前,空间大地测量已成为建立和维持国际天球参考框架、国际地球参考框架以及确定它们之间的转换参数和地球重力场的主要方法,也成为研究地壳形变和各种地球动力学现象、监测地质灾害的主要手段之一。空间大地测量学的广泛应用使得大地测量学处于各种地球科学分支学科的交会处,成为推动地球科学发展的一个前沿学科。随着空间技术的进步和社会发展的变化,空间大地测量的涉及范围应该更加广泛,深海和深地属于地球内部空间,也应该属于空间大地测量学研究范畴,其对应的空间探测技术还有待开发,探测结果还需新的突破。

  本教材主要面向研究生和本科生。教材一共分为9章,第1章为绪论,介绍空间大地测量学的发展情况;第2章介绍原子钟计时系统,时间系统在本科教材中有很多介绍,因此本章仅介绍原子钟技术的发展情况;第3章是坐标系统,主要介绍天球坐标系和地球坐标系;第4~6章为主流空间大地测量技术;第7~9章主要介绍深空、深海和深地探测内容。本教材的特点如下:首先简化了一些内容,同众多本科生教材(如《大地测量学基础》《GNSS原理与应用》等)课程内容的重叠度较少;其次设计了一些实验,进行了初步的数值计算分析,让与课程内容相关的知识点更好理解;最后增加了课程内容,主要是深空、深地和深海相关的探测技术。

  本教材由多个编者合作完成:第1、3、5、6章主要由王建强编写,第2、8、9章主要由李峰(长江上海航道处)、黄承孝(广东省东莞航道事务中心东莞航标与测绘所)编写,第4、7章主要由陈志高、卢立果编写。

  由于学科发展迅速,课程内容涉及广泛,教材编写难免有所限制,一定存在缺点和不足之处,敬请广大读者批评指正。

目 录

第1章 绪论 / 001
 1.1 空间大地测量学的发展 / 002
 1.2 空间大地测量学的特点 / 005
 1.3 空间大地测量学的定义、任务 / 013

第2章 原子钟 / 024
 2.1 原子钟基本原理 / 024
 2.2 原子钟发现史 / 025
 2.3 原子钟种类 / 026
 2.4 原子钟最新研究成果 / 029

第3章 坐标系统 / 032
 3.1 天球坐标系 / 032
 3.2 天球参考框架 / 038
 3.3 地球坐标系 / 041
 3.4 地球参考框架 / 043

第4章 甚长基线干涉测量 / 073
 4.1 射电干涉技术 / 073
 4.2 甚长基线干涉测量技术历史发展 / 075
 4.3 甚长基线干涉测量用途 / 081

第5章 电磁波测距 / 087
 5.1 测距原理 / 087
 5.2 激光测卫技术 / 093
 5.3 激光测月技术 / 094
 5.4 卫星测高技术 / 098

目 录

第 6 章　卫星重力探测 / 114
  6.1　概述 / 114
  6.2　CHAMP 卫星 / 115
  6.3　GRACE 卫星 / 118
  6.4　GOCE 卫星 / 120

第 7 章　深空探测与导航 / 127
  7.1　深空探测 / 127
  7.2　深空导航 / 135

第 8 章　深海探测 / 139
  8.1　概述 / 139
  8.2　深海探测主要技术 / 141
  8.3　我国海洋探测技术 / 144
  8.4　海底地形反演 / 145
  8.5　深海技术难题 / 149

第 9 章　深地探测 / 152

主要参考文献 / 157

附录 / 161

第1章 绪 论

空间大地测量的主要任务是建立和维持各种坐标框架,以及确定地球重力场。空间大地测量技术主要有甚长基线干涉测量(VLBI)、激光测卫(SLR)、全球卫星导航系统(GNSS)、多普勒卫星精密定轨系统(DORIS)、利用卫星轨道摄动反演地球重力场、卫星测高(SA)、卫星跟踪卫星(SST)和卫星重力梯度测量(SGG)等。

半个世纪以来,大地测量学经历了一场划时代的革命性的变革,克服了传统的经典大地测量学的时空局限,进入了以空间大地测量为主的现代大地测量新阶段。空间大地测量所求得的点位精度、地球定向参数(极移、日长变化等)的精度、地球重力场模型的精度和分辨率比以前都有了极大的提高(有的甚至达好几个数量级)。空间大地测量已成为建立和维持地球参考框架、测定地球定向参数、研究地壳形变与各种地球动力学现象、监测地质灾害的主要手段之一,并渗透到人类的生产、生活、科研和各种经济活动中,使大地测量处于地球科学多种分支学科的交会处,成为推动地球科学发展的前沿学科之一,加强了大地测量学在地球科学中的战略地位。

地面参考框架(TRF)是几乎所有机载、天基和地面对地观测的基础。地面参考框架与天体参考框架(CRF)之间可以通过时间序列建立定向关联参数,因此它对星际航天器的跟踪和导航也至关重要。大地测量确定的地面参考框架是社会上所有地理参考数据具有统一性的基础。它在模拟和预测地球在空间中的运动、测量地球系统及其演变方面发挥着关键作用,这是探索全球、区域和地方时空信息变化的关键要求。

空间大地测量通过其以极高的精度测量地球表面变形和地球重力场的能力,彻底改变了固体地球演变过程的研究模式。这些信息(地球表面形变和重力场变化)提供了有关地球构造板块运动的信息,洞察了地震和火山爆发的原因和时间,以及驱动了它们的内部力量的约束。了解复杂的地球系统需要在全球到区域的空间尺度上以高时空分辨率进行综合分析,还需要创造性地进行各种假设实验和数据验证。

大地测量是当今海洋研究的重要手段之一。研究区域和全球海平面变化以及厄尔尼诺-南方涛动、北大西洋涛动和太平洋涛动等海洋气候周期,需要明晰参考系地理中心及其变化,而这些成果需要大地测量数据的支持。

大地测量有助于大气科学和水文研究。它通过以下途径支持对天气的观测和预测:具有精确地理位置的参考气象观测数据;提供具有空间和时相的重力场的天气模型;全球跟踪平流层质量和低对流层水汽场的变化。现代大地测量正在为减轻地震、火山爆发、泥石流、滑坡、地面沉降、海平面变化、海啸、洪水、风暴潮、飓风和极端天气等灾害的影响作出根本性贡献。

大地测量学还为其他研究领域提供了精确的时空基准：地球大气层的不同圈层时空信息演变；大陆和海洋水团的分季节、季节和长期运动；地下水季节性变化和长期变化监测；通过卫星测高测量主要湖泊和河流的水位和全球海面地形；地理信息系统分析自然资源的空间位置分布；遥感技术监测自然环境的发展变化；通过重力场反演解析地球内部构造等。

1.1 空间大地测量学的发展

大地测量学是地球科学的一个重要分支，也是地学领域一门十分古老而又蓬勃发展的学科。大地测量学作为地球科学的一门学科，源于古代经济发展的需要，开始于古代土地丈量、水利建设等生产实践活动。公元前 4 世纪，研究地球形状和大小在当时具有很大的科学和实用价值，带动了诸如天文学、大地测量学以及地图制图学等学科的发展。地球形状和大小一直作为大地测量学研究的主要内容，直到 20 世纪才开始借助天文大地网的方法进行弧度测量，后来又采用重力测量方法深入研究地球的形状，克莱罗定理的提出，论证了正常重力的计算公式，还把地球的几何形状和物理形状结合起来了。

自 1957 年人造地球卫星上天以后，确定地球形状的大小以及地球引力场的研究工作取得了飞跃式进展。

首先是测量精度的进步。从国际大地测量协会的研究报告中可以看出，测定地球赤道半径、两极扁率、地球引力常数及其他地球物理参数的误差，均在第 7~8 位有效数字上，完全可以满足当时科学和实际工作的需要。

其次是研究范围的深入。随着科学技术的不断发展、空间技术的广泛应用、各个学科的互相渗透，以研究地球形状、大小和物理性能为目标的大地测量学，也在不断发展。我们居住的地球受到周围星体，特别是月球和太阳引力的影响，它们与其他因素一起影响着地球的周日运动。地球上的火山、地震及其他物理现象也表明，地球还处于自己的历史地质发展阶段的积极活动期。地球核内部还进行着各种物理化学和物理力学过程。这些过程引起了地球应力状态的改变，地球内部各层及地壳内的物质还随时间、空间而变动。

再次是新概念的诞生。关于地球活动的概念，产生了新的大地构造假设。其中值得注意的是，地球有四个主要圈层结构，即地壳、地幔、液态地核和固态地核。这些圈层之间的界面都有着起伏现象，核-幔界面的起伏幅度为 12km，液核-固核界面的起伏幅度可达 25km，而壳-幔界面间的起伏幅度竟达 65km 之巨。壳-幔界面常称莫霍面，地幔物质的热对流作用，使地壳的岩石板块在地幔上产生相互运动，并在海底扩张。当然地壳的板块运动也与日月摄动和潮汐力的日积月累作用有关。这些地球的活动和演变，引起了地球形状、大小、引力场以及地球自转的周日变化，当然也引起了其他大地测量及地球物理参数的变化。多年来的研究成果表明，地球的扁率有随时间变小的趋势，这就产生了新的地球膨胀的假设。为了认识自然、研究地球，有效地检验和证实新的科学假设，就需要大地测量学与地球物理学或其他学科结合，还需要在多领域提高测量精度。一个认识论上的飞跃将具有巨大的科学和实践意义。

最后是大地测量领域国际合作的广泛开展。近几十年来，在陆地和海洋上进行了一系列国际合作的地球物理研究计划。大地测量学者发现，地球的演化过程会引起地球表面坐标和高程的变化，使得高精度的天文大地网、水准网和重力测量网老化，所以需要对它们在一定时间间隔内进行更新，即复测或重测。这样做的结果，一方面满足了经济建设的需要，另一方面在解决各种大地测量标石的稳定性之后，可以检测地壳板块的地区性运动或全球范围的相对运动。

传统大地测量技术主要有以下几个局限。

（1）定位时要求测站间保持通视。

用传统大地测量技术来布设平面控制网时，需从一个控制点上用经纬仪、测距仪或者全站仪对相邻的控制点进行方向、距离观测或者方向和距离同时观测。观测时，要求观测仪器与照准目标间保持通视。这导致了两个问题：一是需要花费大量的人力、物力来修建觇标。由于地球曲率、地形以及建筑物、树木等障碍物的影响，在很多场合只有建造觇标才能保持通视。在平原地区，当边长为25km时，即使中间无任何障碍物，也需在两端分别建造20m高的觇标方能保持通视。如图1-1所示，建标是一项费时、费力、费钱的工作，还需占用土地，此外还有维护保养等问题。二是边长受限制。由于测站间需保持通视，因而在传统大地测量中边长会受到限制，一般的边长都会被控制在25~30km。在我国的天文大地网中，最长的一条边是横跨渤海湾的一个大地四边形中的一条对角线，其边长只有113km。边长受限制会导致大陆与大陆之间、大陆与远距离的海岛之间无法进行联测，因而全球形成了上百个独立的大地坐标系，无法建立起全球统一的坐标系。

图1-1 建标观测

由于无法进行大陆间的联测,数百年来,大地测量学家只能利用相当有限的局部区域的大地测量资料来推求地球的形状和大小,这使得所推算出来的地球椭球与实际情况之间存在较大的差异。2005 年入选联合国教科文组织世界文化遗产的斯特鲁维测地弧是一个典型例子,该项目是由天文学家斯特鲁维在 1816—1855 年主持的地球子午线测量活动,斯特鲁维地理探测弧线是从挪威到黑海的一组三角测量点,穿过 10 个国家,总距离为 2820km。弧线包括 265 个测量站点,分布于多国各地。如图 1-2 所示为 2011 年拉脱维亚发行的斯特鲁维测地弧小型张纪念邮票。

图 1-2 斯特鲁维测地弧纪念邮票

由于边长受限制,很多工程项目建设中布设首级控制网时,推进速度也很缓慢,无法在短时间内建立起统一的坐标框架。

(2)无法同时精确测定点的三维坐标。

采用传统的经典大地测量法进行定位时,点的平面位置是以椭球面作为基准面通过三角测量、导线测量、插网、插点等方法求得的;而点的高程则是以(似)大地水准面为基准面通过水准测量的方法而求得的。水准测量路线通常是沿着道路、河流等来布设的,水准点上并没有精确的平面坐标,通常仅在地形图上标注出示意点。而平面控制点则通常位于山顶上,难以进行水准测量,其高程大多是采用三角高程测量方法来测定的,精度不高。由于经典大地测量难以精确校核平面控制点高程,平面控制和高程控制的成果难以精确地归算至同一个基准面上。采用经典大地测量的定位方法不仅工作量大,而且控制点也通常不具备精确的三维坐标。

(3)观测受气象条件的限制。

用传统的经典大地测量方法进行定位时,观测工作不能全天候进行,遇大雨、大雾、大雪、大风天气时,观测都难以正常进行。这不仅给作业计划带来许多不确定因素,极大地影响作业效率,而且可能使大地测量在防汛抗洪、地质灾害监测(如滑坡、泥石流等)的关键时刻失去应有的作用。

(4)难以避免某些系统误差的影响。

地球是一个赤道上微微隆起的椭球,长半轴 a 与短半轴 b 之差约为 21km。从整体上来说,地球重力是从两极逐渐向赤道减小的,所以大气密度也是从两极逐渐向赤道减小的,于是沿平行圈布设的三角锁和导线等沿东西向进行方向观测时,由于视线北侧的大气密度总体上说总是比视线南侧的大气密度大,所以视线将产生弯曲,我们将这种现象称为地球旁折光。此外,沿海岸线、大沙漠和戈壁滩边缘布设的三角锁、导线两侧的地貌和植被等条件是迥然不同的,这就导致大气分布状态产生明显的差异,最终产生地区性的旁折光。分析我国的天文大地网资料后不难发现,这些地方的拉普拉斯方位角的闭合差都会出现系统偏差。利用传统的经典大地测量技术进行定位时,将无法克服这些系统误差的影响,即使采用日、夜对称观测的措施也无法解决上述问题。系统误差的存在将极大地损害定位精度,并使测量平差中所估计的精度从数值上看较好,但是与实际精度不符。

(5)难以建立地心坐标系。

由于在占地球总面积约 70% 的海洋上无法用经典的大地测量方法来布设大地控制网,而仅占地球表面积约 30% 的大陆又被海洋分隔,难以进行大地联测,所以在进行椭球定位时,我们实际上只能根据有限区域内的大地测量资料在该区域的(似)大地水准面与椭球面吻合得最好的条件下来确定地球的形状、大小。这种不是在保证全球(似)大地水准面和椭球面最为吻合的条件下进行的椭球定位一般无法使参考椭球体的中心与地球质心重合,两者之差可达数十米至数百米。

重力测量也是确定大地水准面、建立地球重力场模型的一种重要方法。地面重力测量虽可以达到很高的精度,但由于自然条件和地理条件的限制,陆地上的重力测量资料仍存在不少空白区(如原始森林、大沙漠、大戈壁滩、交通极其困难的山区等)。此外,由于政治、军事方面的原因,不少国家将重力测量数据作为保密资料,因而重力测量资料的数量和范围都受到限制。

海洋重力和航空重力观测值由于受到许多干扰力的影响(如观测平台的水平加速度和垂直加速度、旋转等),其精度较差。此外,由于作业量太大,所需费用庞大,所以其资料的数量和范围实际上也很有限。

1.2 空间大地测量学的特点

1.2.1 时代对大地测量学提出的新要求

20 世纪,随着生产力的迅猛发展、科学技术水平的不断提高,有不少部门和领域对大地测量学提出了一些新的要求,大地测量学面临着巨大的挑战和新的发展机遇。

(1)提供更精确的地心坐标。

以前,国民经济建设的各个部门(如水利、交通、地质、矿山以及城市规划建设等)和军事机构、科研院所等单位主要关心的是在一个国家或地区内点与点之间的相对关系，可以采用参心坐标。随着空间技术和远程武器的出现和发展，情况有了很大的变化。我们知道，当人造卫星和弹道导弹入轨自由飞行后，其轨道为一椭圆（或椭圆中的一个弧段），该椭圆轨道的一个焦点位于地球质心上。只有把坐标系的原点移至地心上，使其与椭圆的焦点重合，我们才能在该坐标系中依据椭圆的几何特性推导得出一系列的计算公式，进行轨道计算。所以，利用卫星跟踪站上的观测值来定轨时，所给定的跟踪站坐标必须是地心坐标。反之，利用卫星导航定位技术所测得的用户坐标自然也属地心坐标。如前所述，用传统的经典大地测量方法进行的弧度测量和椭球定位，所得到的参考椭球的中心与地心之间通常都存在数十米至数百米的差距，难以满足空间技术的需要。数据模拟实验表明，射程为10000km的导弹，如果发射点的坐标有100m的误差，则落点会有1~2km的误差，所以发射点的坐标也需采用地心坐标而不是参心坐标。

（2）提供全球统一的坐标系。

20世纪50年代以前，人们主要关心的是在一个国家或地区内点的精确位置及其相互关系，这些问题可以在一个局部坐标系中解决。只有远距离的航空、航海项目才会涉及不同的局部坐标系，但由于这些应用项目对精度的要求不高，驾驶人员有足够的时间纠正误差，所以对建立统一坐标系的需求并不迫切。20世纪50年代后，情况有了很大的变化，一些长距离高精度的应用项目纷纷出现，迫切要求建立全球统一的坐标系。例如，为了准确确定卫星轨道，要在全球布设许多卫星跟踪站，这些跟踪站的坐标必须属于同一坐标系，其观测资料才能进行统一处理。发射远程弹道导弹时，发射点和弹着点的坐标应属同一坐标系。测定板块运动时，也应该在统一的坐标系中进行。随着信息时代的到来，人与人之间的联系和交往也越来越密切，地球将变得"越来越小"，在全球范围内建立统一坐标系的要求也越来越迫切。

（3）在长距离上进行高精度的测量。

研究全球性的地质构造运动、建立和维持全球的参考框架等工作都需要在长距离上进行高精度的测量。以监测板块运动、监测海平面上升等应用为例，其边长可达数千千米，如图1-3所示是从亚洲的南昌市到欧洲、非洲、大洋洲以及美洲部分城市的距离，所需的精度至少应达到厘米级别，很多项目要求达到毫米级别。图1-4展示的是在椭球面上的大地线轨迹，同球面上的大圆弧不一样，它的计算相对复杂，是不少工程项目必须解决的问题。

一些国际合作项目经常需要计算精确的距离，例如大地主题解算，甚长基线（大于1000km）的解算精度需要达到毫米级，角度精度优于千分之一秒。图1-5和图1-6分别是大地主题解算在方向和距离上的解算精度，采用的方法是改进的Vincenty's公式，计算大地线距离100~19500000m。从图中可以看出，方向的精度优于$10^{-5}''$，距离的精度优于0.1mm，在现实应用中完全可以忽略其计算误差影响。

（4）提供精确的（似）大地水准面。

随着全球卫星导航定位系统等空间定位技术逐步取代传统的经典大地测量技术进而成为布设全球性或区域性的大地控制网的主要手段，人们对高精度、高分辨率的大地水准面差距或高程异常的要求越来越迫切。因为全球卫星导航定位系统、甚长基线干涉测

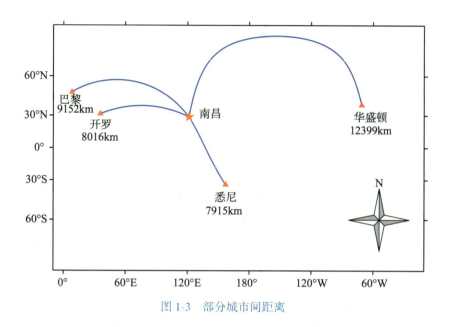

图 1-3 部分城市间距离

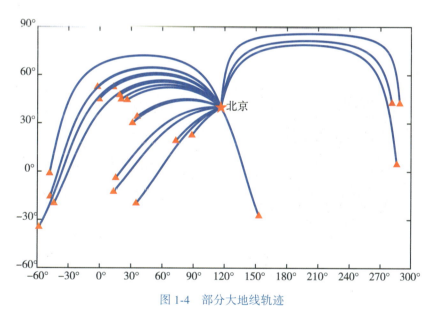

图 1-4 部分大地线轨迹

量技术、激光测卫等空间大地测量技术都是采用几何方法来定位的,与大地水准面这一重力等位面之间并无直接联系,因而只能求得点的大地高,而无法求得点的正常高或正高。为了把大地高转换为正常高或正高就需要知道精确的、高分辨率的大地水准面差距或高程异常值。如图 1-7 所示,全球大地水准面相对于椭球有近 200m 的起伏,因此在一些精密工程和科学研究中不能采用大地高(对应于参考椭球面)系统,而需要严密的正高(对应于大地水准面)系统。

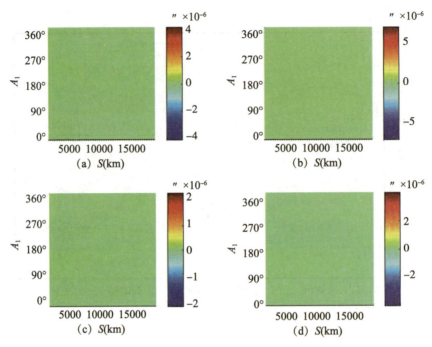

图 1-5 高精度大地主题反算大地方位角误差分布图（图(a)、(b)、(c)和(d)分别表示起点在赤道、低纬度、中纬度和高纬度）

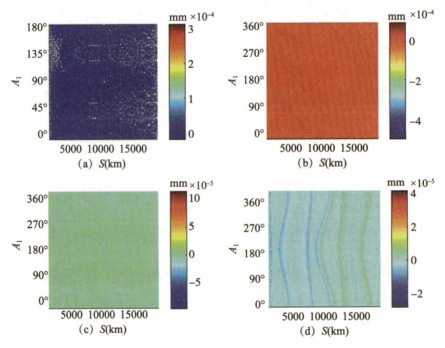

图 1-6 高精度大地主题反算大地线误差分布图（图(a)、(b)、(c)和(d)分别表示起点在赤道、低纬度、中纬度和高纬度）

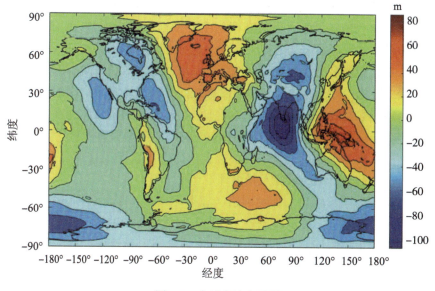

图 1-7 全球大地水准面

似大地水准面是从地面点沿正常重力线量取正常高所得端点构成的封闭曲面，是我国法定高程起算面。大地水准面是最接近平均海水面的重力等位面，是定义正高高程系统的高程基准面，也是反映地球内部结构和密度分布特征的物理面。不论从大地测量未来发展需要还是对工程建设的重要作用来看，构建高精度全球和区域大地水准面是大地测量学的一项长期战略性任务。当前全球卫星导航定位系统时代，能够快速、精确、无缝获取任意一点的海拔高程，对相关地球科学和工程建设都具有重要意义。若干发达国家近几十年来实施了不断精化本国大地水准面的计划，例如美国的大地水准面模型Geoid18、Geoid20 的分辨率优于 2km，内符合精度优于 2cm；澳大利亚发布的AUSGeoid2020 内符合精度达到亚厘米级；加拿大同美国合作构建了多个序列大地水准面模型，测量范围可以覆盖加拿大全境。21 世纪初，我国高程基准现代化的进程已经开启，并取得了较好的成绩。我国的理论研究和项目开展具有领先水平，中国似大地水准面拟合精度已达 2~3cm。实现高程测量现代化，用全球卫星导航定位系统技术取代传统的、中低等级的水准测量技术，应用前景十分广阔。

精化高程基准面可以从模型逼近和数值逼近两方面实现。模型逼近当前研究较多的主要为边值问题的解算。魏子卿等学者近年来在研究第二边值问题，推导了霍丁(Hotine)算子与梯度算子的关系，然后给出了基于莫洛金斯基理论求解第二边值问题的算法，并通过实验验证了该理论的可行性。黄谟涛等分析比较了斯托克斯-赫尔模特(Stokes-Helmert)计算模型和相同类型模型的技术特点，提出了斯托克斯-赫尔模特计算模型的实用改化方法，并设计了模型的实验验证方案，通过数值实验得出了一些有参考和实际应用价值的研究结论。布耶哈马(Bjerhammar)边值理论也是模型逼近的一个重要内容,该理论的提出本身就是以小区域场域为目标的,该理论在一些特定情况下具有很好的逼近效果。精化高程基准面的数值逼近可以分为几何法、重力法和混合方法(几何/重力)。近些年我国省市级高程基准精化主要依据国家标准构建,即综合利用重力场模型、重力数据和地形数据构建重力(似)大地水准面,结合全球卫星导航定位测量+水准数据拟合残余大地水准面,实现区域高程基准的精化。随着航空重力和海洋重力技术的出现,重力数据的处理理论和技术也日渐成熟,高精度高分辨率的重力场模型不断被研制出来,地形数据的利用效果也在不断加强,这些都为精化大地水准面提供了强有力的支撑。当前全球卫星导航定位测量+水准数据拟合技术主要侧重于水准点的布测和曲面拟合方面的工作,难点在于采用何种拟合内插方法获得最佳逼近(似)大地水准面的效果,以及一些数学模型的试验及精度评定还处于研究探索状态。拟合的方法主要有多项式、多面函数、样条函数、神经网络、虚拟球谐等。尽管各种拟合方法对于小范围、简单地形比较有效,但对于面积较大、地形起伏较复杂的地区则拟合效果有限。如图1-8所示的南昌市大地水准面通过移去由120阶次重力场模型计算的大地水准面后残余大地水准面起伏范围仅有35cm,拟合相对容易。如图1-9所示,同样移去由120阶次重力场模型计算的大地水准面后江西省残余大地水准面起伏范围达到100cm,这时拟合工作是一个难题。当然,综合利用重力数据和地形数据进行滤波后的残余大地水准面起伏会小很多,但是应用时仍然需要将该部分恢复,这会导致大量的数值计算。

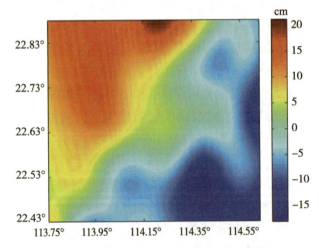

图1-8　南昌区域大地水准面(移去由120阶次重力场模型计算的大地水准面)

(5)提供高精度、高分辨率的地球重力场模型。

随着空间技术和远程武器的发展,用户对卫星的定轨精度及轨道预报精度也提出了越来越高的要求。精密定轨和轨道预报(尤其是低轨卫星)需要高精度、高分辨率的地球重力场模型来支持。如表1-1所示为国际上发布的重力场模型代表,网址:http://icgem.gfz-potsdam.de/home。

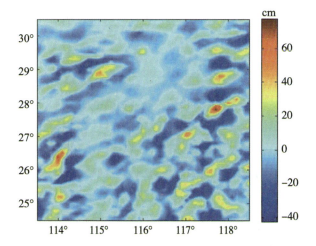

图 1-9 江西区域大地水准面（移去由 120 阶次重力场模型计算的大地水准面）

表 1-1　　　　　　　　　　重力场模型

序号	模　　型	发布时间	最大阶次	数　　据
1	Tongji-GMMG2021S	2022	300	S(Goce), S(Grace)
2	SGG-UGM-2	2020	2190	A, EGM2008, S(Goce), S(Grace)
3	XGM2019e_2159	2019	2190	A, G, S(GOCO06s), T
4	SGG-UGM-1	2018	2159	EGM2008, S(Goce)
5	EIGEN-6C4	2014	2190	A, G, S(Goce), S(Grace), S(Lageos)
6	EIGEN-6C	2011	1420	A, G, S(Goce), S(Grace), S(Lageos)
7	EIGEN-6S	2011	240	S(Goce), S(Grace), S(Lageos)
8	EIGEN-5S	2008	150	S(Grace), S(Lageos)
9	EIGEN-5C	2008	360	A, G, S(Grace), S(Lageos)
10	EGM2008	2008	2190	A, G, S(Grace)

(6) 要求全天候、快速、精确、简便的全新的大地测量方法。

长期以来，大地测量的方法、技术和测量仪器虽然在不断地改进和完善，如用游标和测微器来提高读数精度，用电磁波测距的方法来提高测距的作业效率，用全站仪将方向观测和距离观测的功能集成于一身等，但这些改进措施都没有突破"地面测量"作业模式，因而也无法从根本上解决大地测量所面临的固有问题。如由于受到地球曲率的影响，"地面测量"无法解决边长受限制的问题；由于信号全程都是在稠密的大气层中传播，因而方向测量和距离测量的精度就会受到大气折射和大气延迟改正的精度限制，如果不能在大气改正精度方面取得突破，那么大地测量的精度也只能限制在目前大约 2″ 的精度水平上，难以进一步提高。因而大地测量学本身也期望突破"地面测量"作业模式的限制，出现一种全天候、更为快速、精确、简便的全新的大地测量方法和技术。

1.2.2 空间大地测量的出现

20 世纪中叶，生产力和科学技术水平的提高、相关学科的迅猛发展为空间大地测量的诞生奠定了基础。具体体现在下列几个方面：

(1) 空间技术的产生和发展使得我们有可能按照不同的需要来设计、制造、发射各种具有不同功能的位于不同轨道上的大地测量卫星(如配备了后向反射棱镜的各种激光测距卫星、海洋测高卫星、导航卫星等)，至今其数量已达几百个。我们不但能精确地测定这些卫星的轨道，而且能准确地进行轨道预报，并能对这些卫星的运行姿态和整个工作状态进行监测和控制，从而为空间大地测量的诞生奠定基础。

(2) 众所周知，在卫星精密定轨、导航定位、确定地球重力场模型等工作中，需要对海量的测量资料进行极其复杂的数学计算。计算机技术的发展为快速解决上述问题提供了可能。此外，计算机技术的发展还为测量卫星的自动检测、自动控制等工作创造了条件，也为甚长基线干涉、激光测卫、全球卫星导航系统等仪器设备的自动检核和管理，以及实现自动化的数据采集与海量观测数据的记录、存储和取用提供了可能性。

(3) 现代电子技术的快速发展，特别是超大规模集成电路技术的迅猛发展，使得由成千上万个电子元器件组成的复杂的电子产品有可能浓缩于一块小小的芯片上，从而制造出体积小、重量轻、能耗低、价格便宜、质量可靠、运算速度快的信号接收机和卫星上的各种组件，为空间大地测量走向实用化创造了条件。

(4) 多路多址技术、编码技术、扩频技术、加密技术、解码技术以及滤波技术等现代化的通信技术为卫星信号的传输和处理奠定了基础；大气科学的发展则为卫星轨道的确定(大气阻力摄动)以及卫星信号的传播延迟改正(电离层延迟改正，对流层延迟改正)提供了必要的基础；天文学、大地测量学、导航学等学科的发展也为空间大地测量的诞生作了理论和方法上的准备，并通过长期的观测资料为空间大地测量提供了必要的初始参数(极移、日长变化等)和地球重力场模型、跟踪站的坐标等，而空间大地测量的诞生和发展又反过来促进了上述学科的发展。

综上所述，20 世纪中叶，随着生产力和科学技术的发展，各个学科和不同领域都对大地测量学提出了新的要求。这些要求是传统的经典大地测量无法满足的。巨大的社会需求对空间大地测量学的诞生起到了重要的推动作用。而空间技术、计算机技术、电子技术和通信技术等现代科学技术的发展又为空间大地测量的诞生创造了条件。于是，空间大地测量便应运而生，并得到了迅速的发展。

1.3 空间大地测量学的定义、任务

1.3.1 空间大地测量学的定义

利用自然天体或人造天体来精确测定点的位置,以确定地球的形状、大小、外部重力场,以及它们随时间的变化状况的一整套理论和方法称为空间大地测量学。在这里,自然天体和人造天体既可以作为观测目标(如甚长基线干涉测量中的河外类星体以及激光测距中的激光卫星),也可以作为观测平台在上面设置仪器进行对地观测(如卫星测高法中的卫星)。上面所说的"点的位置",通常是指地面上一些离散的特殊点的位置(如地面控制点、变形监测点等)以及火箭、卫星等飞行器的位置。而测定全球性的或区域性的地表形状,制成地形图或地面数字模型则属于航天遥感的范畴。前者的定位精度较高,如厘米级精度(静态定位),后者的定位精度较低,如10m级的精度。但随着合成孔径雷达干涉(InSAR)技术、星载激光扫描技术的发展,两者间的差异也在变小。

从上面的讨论可以看出,空间大地测量包含两个要素:一是必须利用空间的自然天体或人造天体进行观测或将它们作为观测目标;二是所做的工作必须属于大地测量的范畴,如精确测定点的坐标及其变化率,确定地球重力场及其变化,确定地球的运动(如岁差、章动、极移、自转不均匀等)和相关参数(地球长半轴、扁率等)。如果只利用人造地球卫星来完成上述工作,则称为卫星大地测量。卫星大地测量是空间大地测量的一个重要分支。从字面上理解,空间大地测量的对象应该也包括海洋和地球内部,它们也是空间范围,并且比较广阔,因此本书增加了深海探测和深地探测介绍。

1.3.2 空间大地测量学的主要任务

空间大地测量学要解决的问题很多,但归纳起来大体上可分为两类:一类是建立和维持各种坐标框架;另一类是确定地球重力场。

1. 建立和维持各种参考框架

(1)建立和维持全球性的地球参考框架。

建立和维持全球统一的地球参考框架是空间大地测量的主要任务之一。目前,在大地测量学和地球动力学等领域中,被广泛使用的、精度最高、全球性的地球参考框架是国际地球参考框架(ITRF)。该框架是由国际地球自转服务(IERS)利用甚长基线干涉测量技术、激光测卫、全球定位系统、多普勒卫星精密定轨系统等技术获得的空间大地测量资料经统一处理后建立和维持的。随着技术的进步、观测资料的累积及数据处理方法的改进,国际地球参考框架在不断改善和精化。到目前为止,国际地球自转服务已先后给出了很多个版本的国际地球参考框架,它们是ITRF88-94、ITRF96、ITRF97、ITRF2000、ITRF2005、ITRF2008、ITRF2014和ITRF2020。除国际地球参考框架外,WGS-84也是一种被广泛采用的全球性的地球参考框架,但主要用于导航领域。WGS-84经多次改进和

精化后，现在与国际地球参考框架之间的差异已很微小。

目前，全球性的参考框架多数是长期参考框架(MRF)，其代表是国际地球自转服务发布的国际地球参考框架系列。与长期参考框架相对应的是历元参考框架(ERFs)，它是定期对空间大地测量技术观测得到的数据进行堆栈和组合，建立短期的参考框架，进而实现参考框架的动态维持。历元参考框架的优势在于其更高的更新频率(7 天、14 天或者 28 天)，在这样的更新频率下，基准站的坐标隐含地考虑了所有线性运动、非线性运动以及地心运动，能够提供准实时的基准站坐标，如图 1-10 所示。其中 t_i 和 t_{i+1} 分别代表长期参考框架的第 i 次和第 $i+1$ 次更新，如 ITRF2014 和 ITRF2020 都提供了历元更新数据。

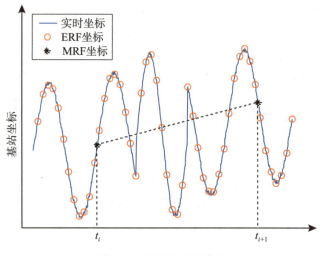

图 1-10　基准站时间序列

历元参考框架作为国际地球参考系统的短期实现，隐含地考虑了基准站的运动，因此，历元参考框架并没有计算基准站的速度参数。历元参考框架可以通过一种空间大地测量技术或者多种空间大地测量技术组合的方式实现，4 种技术的历元参考框架实现过程如图 1-11 所示。

(2)建立和维持区域性的地球参考框架。

由于传统大地测量的局限性，目前，建立和维持区域性的地球参考框架的任务主要是由空间大地测量来承担。在一个大国或洲的范围内建立和维持地球参考框架时，可考虑综合利用多种空间大地测量技术来实现，在缺乏长时期的高精度的甚长基线干涉测量技术、激光测卫等取得的空间大地测量资料的情况下，也可仅用全球卫星导航定位系统资料来实现。在更小的区域中建立和维持地球参考框架，则主要依靠全球卫星导航定位系统来实现。当然在特殊情况下，也不排除用传统大地测量的方法实现的可能性。

(3)建立和维持国际天球参考框架。

建立和维持国际天球参考框架是空间大地测量的又一重要任务。目前，国际天球参

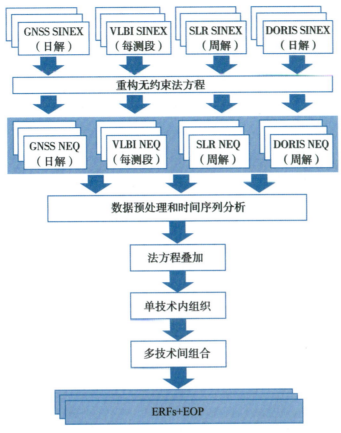

图1-11 4种技术的历元参考框架实现过程

考框架(ICRF)是由国际地球自转服务利用甚长基线干涉测量技术所测定的河外射电源的方向来实现和维持的。由于这些射电源离我们十分遥远(如几十万光年),所以虽然这些天体也可能在快速运动,但我们所看到的这些射电源的方向却是固定不变的。根据坐标原点的不同,国际天球参考框架可分为质心天球参考框架(BCRF)和地心天球参考框架(GCRF)。前者的坐标原点在太阳系质心,该框架主要用于研究行星的绕日公转运动,后者的坐标原点在地球质心,主要用于研究卫星围绕地球的运动。

(4)测定地球定向参数。

地球定向参数(EOP)是描述地球自转规律的一组参数,包括岁差、章动、极移、UT1-UTC和地球自转角等。由于受到日、月等天体的影响,地球自转是不规律的,存在多种短周期变化和长期变化。

由于,①河外射电源等天体在空间的位置(方向)通常是用国际天球参考框架中的坐标系来表示的;②地球坐标系随着地球自转而不断旋转,所以它不是一个惯性坐标系,牛顿运动定律在这种非惯性坐标系中是不适用的,所以卫星定轨的工作(运动方程的建立和求解)需在地心天球参考系统(GCRS)中进行;而空间大地测量的最终目的又是为了确定地面测站等在地球坐标系中的位置以及在地球坐标系中建立地球重力场模型，因而需要在地心天球坐标系和国际地球坐标参考系（ITRS）之间进行精确的坐标转换。要进行坐标转换就需要知道转换参数，于是精确测定国际地球坐标参考系和地心天球坐标系之间的转换参数也成为空间大地测量的一项任务。

1992年到2024年的极移变化如图1-12所示，后期部分数据是预测数据，从图中可以看出极点的位置变动具有一定的规律性。数据可以从国际地球基准服务网站上（https：//www.iers.org）下载。

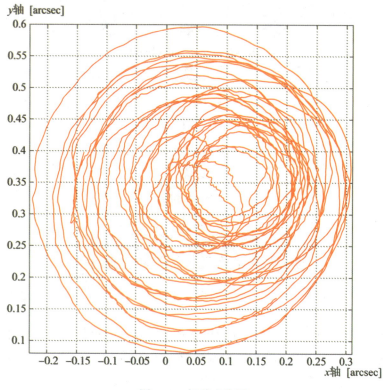

图1-12 极移变化图

2. 确定地球重力场

地球重力场是地球重力作用的空间，通常指地球表面附近的地球引力场。在地球重力场中，每一点所受的重力的大小和方向只同该点的位置有关。与其他力场（如磁场、电场）一样，地球重力场也有重力、重力线、重力位和等位面等要素。研究地球重力场，就是研究这些要素的物理特征和数学表达式，并以重力位理论为基础，将地球重力场分解成正常重力场和异常重力场两部分进行研究。研究地球重力场，在大地测量学中可用以推求平均地球椭球的形状，建立国家大地网、国家水准网和国家重力基本网；在空间科学中用以确定空间飞行器受地球引力场作用的轨道改正；在固体地球物理学中用以研究地球内部结构及资源分布；在海洋学和地球动力学中用于研究和解释海平面变化、海洋环流及其他动力学现象等。

卫星重力测量是利用地球低轨卫星搭载的各种传感器(包括全球卫星导航定位系统接收机、加速度计、恒星敏感器、星间测距系统和重力梯度仪等),精密测定由地球重力场引起的卫星轨道摄动或地球重力场参量,并用这些观测数据实现重力场反演。低轨道卫星、卫星轨道机动、卫星精确定轨和非保守力测量是卫星重力测量技术的最大特点。相比传统的重力测量方法(如地面和航空重力测量),卫星重力测量不受天气状况和地理环境等条件的限制,具有全球高覆盖率、高精度和高时空分辨率等优点。自20世纪80年代提出地球重力场探测计划(GRM)以来,人们对卫星重力测量的理论基础、技术模式进行了深入研究和实验,直到21世纪初重力卫星多项关键技术(如星载精密定轨、加速度计测定非保守力、星间微波测距等)实现重大突破,卫星重力探测任务才得以成功实施。以挑战性小卫星有效载荷(CHAMP)、重力恢复与气候实验(GRACE)/GRACE后续者(GRACE-FO)以及地球重力场和海洋环流探测器(GOCE)等为代表的新一代卫星重力探测任务的成功实施,将地球重力场中长波段的精度提高了1~2个量级,地球重力场建模精度和分辨率实现了里程碑式的跨越。

新一代卫星重力探测技术主要包括卫星跟踪卫星测量(SST)和卫星重力梯度测量(SGG)模式,它们被认为是当前最有价值和应用前景的高效重力探测技术。德国于2000年7月15日发射的CHAMP卫星采用了高低卫星跟踪卫星测量模式(SST-hl),可以获取地球重力场的长波分量,如采用8a的CHAMP卫星数据解算的地球重力场模型相比传统重力观测数据构建的EGM96模型,其在60阶次之前的位系数精度提升约1个量级。美国、德国于2002年3月17日联合发射的GRACE卫星组合了高低卫星跟踪卫星测量模式和低低卫星跟踪卫星测量模式(SST-ll),主要用于探测地球重力场中长波分量及其随时间的变化,研究结果表明:采用13a的GRACE卫星观测数据解算的地球重力场模型在100阶次之前精度提升了2~3个量级。欧洲空间局于2009年3月17日发射的GOCE卫星组合了SST-hl和SGG模式,主要用于测定地球重力场的中短波分量,如采用4.5a的GOCE卫星观测数据解算的地球重力场模型在100至200阶次的精度提升约1个量级。美国、德国于2018年5月22日发射的后继卫星GRACE-FO采用了与GRACE相同的技术模式,并且额外搭载了测距精度高达10nm的星间激光干涉测距系统,但由于加速度计故障及背景模型误差的影响,GRACE-FO探测地球重力场的精度和空间分辨率与GRACE相当,仅在高阶部分的精度略有提升。

新一代卫星重力探测任务极大地提升了人们对地球重力场的认识水平,并拓展了经典重力场理论在地球科学领域中的应用深度和广度。利用卫星重力测量技术研究地球重力场已成为当前物理大地测量学一个活跃和最具吸引力的研究课题,国内外诸多学者和相关研究机构提出了多种卫星重力场反演方法,并研制了一系列以卫星重力测量数据为基础的高精度静态和时变重力场模型。然而,卫星重力测量技术属于典型的军民融合技术,西方国家对中国实行了严格的技术封锁,因此借鉴国际重力卫星的成功经验发展中国自主的卫星重力测量核心技术已是发展所需,并将极大地提升中国综合国力和国际竞争力。在此背景下,经过几代科学家的共同努力和相关研究机构的联合攻关,中国自主的重力卫星技术已经实现了重要突破。特别是2019年12月20日发射的"天琴一号"卫星成功搭载了高精度静电悬浮加速度计和全球卫星导航系统,实现了高低卫星跟踪卫星测量模式对地球重力场的自主观测;我国第一个卫星跟踪卫星模式的重力卫星系统(简称中国重力卫星)于 2021 年底成功发射,该系统采用高-低和低-低卫卫跟踪混合测量模式来获取全球重力场及其时变信息。在轨测试结果显示,卫星系统工作状态正常,各项指标满足设计要求,显著提升了我国卫星系统的研制水平和空间微重力测量能力。利用 2022 年 4 月 1 日至 2022 年 8 月 30 日期间的卫星数据反演了 60 阶次时变地球重力场模型,该模型可以很好地表征全球水文变化,与 GRACE-FO 卫星结果的 RMS 差值仅为 2cm,可为大地测量、地球物理、地震、水资源管理、冰川学、海洋学和国防安全等提供重要数据支撑。

随着国内外卫星重力测量技术的飞速发展,地球重力场研究迎来了一场重大变革,特别是在卫星重力场反演方法、高精度重力场建模水平和相关地学应用等方面取得了重要进展。鉴于地球重力场在地球科学、全球变化和国防安全中的重要作用及战略地位,国内外相关机构正在加紧开展下一代卫星重力测量技术模式的论证和关键核心载荷的研制。

1.3.3 空间大地测量的几种主要技术

1. 全球卫星导航系统

全球卫星导航系统,是能在地球表面或近地空间的任何地点为用户提供全天候的 3 维坐标和速度以及时间信息的空基无线电导航定位系统。其包括一个或多个卫星星座及其支持特定工作所需的增强系统。

全球卫星导航系统国际委员会公布的全球 4 大卫星导航系统供应商,包括中国的北斗卫星导航系统(BDS)、美国的全球定位系统(GPS)、俄罗斯的格洛纳斯卫星导航系统(GLONASS)和欧盟的伽利略卫星导航系统(GALILEO)。其中美国的全球定位系统是世界上第一个建立并用于导航定位的全球系统,格洛纳斯经历快速复苏后已成为全球第二大卫星导航系统,二者正处于现代化的更新进程中;伽利略卫星导航系统是第一个完全民用的卫星导航系统,正在试验阶段;北斗卫星导航系统是中国自主建设运行的全球卫星导航系统,2020 年 7 月 31 日开始为全球用户提供全天候、全天时、高精度的定位、导航和授时服务。也是继美国的全球定位系统、俄罗斯的格洛纳斯卫星导航系统之后的第三个成熟的卫星导航系统。

1957 年 10 月 4 日,苏联成功发射世界上第 1 颗人造地球卫星,远在美国霍普金斯大学应用物理实验室的 2 个年轻学者在接收该卫星信号时,发现卫星与接收机之间形成的运动多普勒频移效应,并断言可以用来进行导航定位。在他们的建议下,美国在 1964 年建成了国际上第 1 个卫星导航系统即"子午仪",由 6 颗卫星构成星座,用于海上军用舰艇船舶的定位导航。1967 年,"子午仪"系统解密并提供给民用。

从 20 世纪 70 年代后期全球定位系统建设开始,至 2020 年多星座构成的全球卫星导航系统均属于第 2 代卫星导航系统,它们包括美国的全球定位系统、俄罗斯的格洛纳斯卫星导航系统、中国的北斗卫星导航系统和欧洲的伽利略卫星导航系统 4 个全球系统，以及日本准天顶卫星系统和印度区域卫星导航系统 2 个区域系统。以上 6 个国家作为全球卫星导航定位系统服务提供商均持有相应的星基增强系统，它们分别是：美国的广域增强系统、中国的北斗系统增强系统、俄罗斯的差分改正监测系统、欧洲的地球静止导航重叠服务、印度的全球定位系统辅助型静地轨道增强导航系统和日本的多功能卫星星基增强系统。

综上所述，所谓的第 2 代卫星导航系统，就是指全球卫星导航定位系统，它是泛指的全球卫星导航系统，是涵盖全球系统、区域系统和星基增强系统在内的系统之系统的概念。因为所有已经建设全球卫星导航系统的国家均在考虑或者正在推进卫星导航系统的下一步创新行动计划，也有考虑与通信一体融合的导航星座。所以将有第 3 代卫星导航系统出现。

近年来，已有越来越多的低轨卫星（海洋测高卫星、气象卫星、重力测量卫星、遥感卫星等）配备了全球定位系统接收机，通过全球定位系统采用几何方法或各种综合性的定轨方法来精确测定其轨道。用高轨卫星跟踪低轨卫星的定轨方法不但可以大大减轻地面卫星跟踪系统繁重的工作压力，而且可以较好地解决地面系统跟踪观测时轨道不连续的问题。

利用全球定位系统还可以精确测定极移和（UT1-UTC）等地球自转参数。目前全球定位系统测定极移的精度可达±0.05mas，测定 UT1 的精度可达 0.02ms。

除此之外，全球定位系统还被广泛用于高精度授时和时间比对，测定电离层中的总电子含量（TEC），开展全球定位系统气象学研究，提供对流层中的各种气象参数，特别是水汽含量。

由于全球卫星导航系统课程在本科生以及研究生培养中有专门的教材，在本书后续内容中不再过多介绍。

2. 卫星激光测距

通过由测距仪激光器产生并射出的激光脉冲抵达配备有后向反射棱镜的测距卫星又反射返回接收设备，精确测定往返传播的时间，即可求得卫地距，这就是卫星激光测距。这一技术始于 20 世纪 60 年代中期，精度已达约 1cm。卫星激光测距是精度最高的绝对（地心）定位技术，在定义全球地心参考系中起着决定性作用，也可精确测定地球自转参数，又是卫星重力技术确定全球重力场低阶（$n<50$）模型的主要工具，还是建立大地测量参考框架以及研究地球动力学问题的基本技术手段。可利用全球分布的多个激光测卫固定台站，对专用的装有激光反射器的卫星（如 Lageos，Geos-1、2、3）做较长弧段的观测。我国已有 5 个激光测卫固定站，其中上海、武汉和长春已拥有第三代卫星激光测距仪，测距精度优于厘米级。

用卫星激光测距技术可精确测定地面测站的地心坐标，在建立地心坐标系的工作中发挥了决定性的作用。卫星激光测距也是建立和维持地球参考框架、测定板块运动和地壳形变的一种重要方法。

用卫星激光测距技术可精确测定各地面站至卫星的精确距离，进而确定卫星的轨道，是一种重要的定轨技术。利用卫星激光测距技术测定的卫星轨道及轨道摄动，可测定 GM 值等大地测量常数，可精确测定地球质心的位置及其变化，还可精确测定地球重力场中的中、低阶项。与甚长基线干涉测量技术一起为地球参考框架提供高精度的尺度基准。除此之外，月球激光测距还可精确测定激光反射棱镜的月面坐标，为月球表面测量提供精确的控制点，测定月球的自由天平动和月球潮汐位系数；编制精确的月球星表。

3. 甚长基线干涉测量

甚长基线干涉测量技术是把几个小望远镜联合起来，达到一架大望远镜的观测效果。这是因为，虽然射电望远镜能"看到"光学望远镜无法看到的电磁辐射，从而进行远距离和异常天体的观测，但如果要达到足够清晰的分辨率，就得把望远镜的天线直径做成几百千米长，甚至地球直径（约 12742 千米）那么长。

20 世纪 50 年代，剑桥大学的天文学家马丁·赖尔建成了第一台射电干涉仪，使不同望远镜接收到的电磁波可以叠加成像，在此基础上，甚长基线干涉测量技术得以发展。1974 年，赖尔以此获得了诺贝尔奖。

甚长基线干涉的测量值包括：干涉条纹的相关幅度；射电源同一时刻辐射的电磁波到达基线两端的时间延迟差（简称时延），延迟差变化率（简称时延率）。相关幅度提供有关射电源亮度分布的信息，时延和时延率提供有关基线（长度和方向）和射电源位置（赤经和赤纬）的信息。甚长基线干涉测量分辨率达到万分之几角秒，测量洲际间基线三维向量的精度达到几厘米，测量射电源的位置的精度达到千分之几角秒。在分辨率和测量精度上，与其他常规测量手段相比，成数量级的提高。目前，用于甚长基线干涉仪的天线，是各地原有的大、中型天线，平均口径在 30m 左右，使用的波长大部分在厘米波段。最长基线的长度可以跨越大洲。

4. 多普勒卫星精密定轨系统

多普勒卫星精密定轨系统是法国研制组建的采用多普勒测量的方法来进行卫星定轨和定位的综合系统。与子午卫星系统相反，在地面跟踪站上安装信号发射机，而在卫星上则安装信号接收机。目前，多普勒卫星精密定轨系统已在全球较均匀地布设了 70 多个地面站。该系统的主要功能是为低轨卫星提供了一种独立的高精度定轨方法。

1）卫星定轨

多普勒卫星精密定轨系统为低轨卫星提供了一种独立的、全新的定轨方法。用这种系统所确定的卫星轨道的径向误差为±3cm。与激光测卫、全球定位系统等方法进行联合定轨时，径向误差为 1~2cm（由于该系统主要用于卫星测高，故对径向误差特别敏感）。在星载多普勒卫星精密定轨系统接收机中安装相应软件后，卫星就具有实时定轨的功能，可拓宽其应用领域。实时定轨的预定精度指标为：径向误差为±30cm，三维点位误差为±1.0m。实测精度已优于上述指标。

2)建立和维持地球参考框架

如果我们不是像定轨时那样把地面站坐标当作已知值固定下来，而是把地面站坐标也当作待定参数，采用自由网平差的方式把它们也估计出来，就能确定地面站的坐标。显然，利用这种方法来确定站坐标时，其精度与卫星数量有关。目前，配备有多普勒卫星精密定轨系统接收机的正在工作的卫星共有 5 个，在这种情况下，站坐标的测定精度可优于 15mm，从而使多普勒卫星精密定轨系统也成为一种建立和维持地球参考框架的独立方法，当然，利用这种方法也能测定板块运动和地壳形变。

3)测定地球自转参数

利用多普勒卫星精密定轨系统来测定极移时，在卫星数较多的情况下，所测定的极移值的精度可达亚毫角秒的水平，为测定地球自转参数提供了一种独立的资料来源。

5. 利用卫星轨道摄动反演地球重力场

人造地球卫星受地球形状摄动、大气阻力、太阳光压力、日、月引力等摄动力的影响。若用摄影观测、激光测距、多普勒测量等方法来精确测定卫星轨道并进而求得轨道摄动量后，就能反演出地球重力场。由于卫星轨道一般只对地球重力场中的部分区域敏感，而对另一些部分则不是很敏感，因此用此方法来反演地球重力场时，往往需要对具有不同轨道的多个卫星进行观测和分析后，才能获得完整的地球重力场模型。此外，采用此方法所恢复的地球重力场的分辨率(最小波长)大体与卫星的高度相当，因此，采用这种方法只能反演出地球重力场中的中、低阶项(如 24~36 阶次的地球重力场模型)。这些模型的分辨率和精度虽然都不够好，但在早期的卫星定轨、预报方面也曾发挥过重要作用。采用这种方法也促进了对其他各种摄动因素的深入研究，有助于提高定轨精度。

6. 卫星测高

卫星测高是 20 世纪 70 年代出现的一种卫星重力学方法。其基本工作原理是用测高卫星上配备的微波(激光)测高雷达来测定至海平面的垂直距离，并利用激光测卫、全球定位系统、多普勒卫星精密定轨系统等方法来精确确定该卫星的轨道，从而求得平均海面的形状，经潮汐、洋流、海面地形等改正后，获得海洋地区的大地水准面，并反求出地球重力场。目前，卫星测高可达厘米级的精度，海洋地区重力场的分辨率可达 5~10km，与激光测卫、地面重力测量资料联合解算后，可求得 180~360 阶的全球重力场模型，如 EGM96 模型。相应的大地水准面的精度为分米级至亚米级。卫星测高资料还可用于海洋学研究，如测定海面地形、海洋环流、研究海底的岩石圈构造、绘制海底地形图等。

如果说利用卫星摄动来反演地球重力场是第一代卫星重力技术，那么卫星测高则可以称为第二代卫星重力技术，利用这种技术所建立的地球重力场模型，在分辨率和精度上都有了明显的提高。

7. 卫星跟踪卫星

21世纪初现代地球科学的中心任务是致力于把地球作为一个整体而又复杂的静态和动态系统来研究，该系统主要由岩石圈（固体）、水圈（液体）和大气圈（气体）组成，重力场、电磁场和大气层及电离层反映其最重要的物理特性，制约着在该行星上及其邻近空间所发生的一切物理事件。其中地球重力场反映地球物质的空间分布、运动和变化，确定地球重力场的精细结构及其时间相依变化不仅是现代大地测量的主要科学目标之一，而且将为现代地球科学解决人类面临的资源、环境和灾害等紧迫课题提供重要的基础地球空间信息。

现代大地测量、地球物理、地球动力学和海洋学等相关地学学科的发展均迫切需要更加精细的地球重力场支持。其中用全球定位系统水准测定正高要求有全波段厘米级大地水准面；研究地球深部结构则要求在几十千米到几千千米的波长范围内具有厘米级精度的大地水准面和 ±1mGal 的重力异常；最新地球重力场模型只能以优于亚分米级的精度满足中低轨卫星定轨的要求；利用卫星测高测定的海面高来研究海面地形和海流，则要求有相应波长的厘米级海洋大地水准面；建立全球高程系统要求在 50~100km 的波长范围内具有优于 5cm 精度的大地水准面。全球大地水准面的精细度与上述要求大约还相差一个量级，确定全波段厘米级大地水准面是21世纪物理大地测量的主要目标之一。实现这一目标首先取决于在全球范围内测定重力和探测重力场信息的技术发展水平，传统重力探测技术获取全球均匀分布的高精度重力场信息的能力受到了限制，迫切需要新的技术突破。卫星跟踪卫星技术和卫星重力梯度测量技术被认为是21世纪初最有价值和应用前景的高效重力探测技术，其主要科学目的除了测定地球重力场的精细结构及长波重力场随时间的变化以外，还包括以全球尺度精密探测电磁场、全球大气层及电离层。这一技术的实施无疑对现代地球科学研究地球岩石圈、水圈和大气圈及其相互作用具有重大贡献。该技术具有重要科学和现实意义，因而已成为当今物理大地测量研究的前沿和热点。

卫星跟踪卫星有两种技术模式，即由若干高轨同步卫星跟踪低轨卫星轨道摄动确定扰动重力场，称为高-低 SST，或通过测定在同一轨道上两颗卫星（相距约 200km）之间的相对速率变化所求得的引力位变化来确定位系数，称为低-低 SST。高-低 SST 的概念最初来源于20世纪60年代初建立轨道中继系统的设想以及后来 Apollo 计划轨道测定的需要。70年代中期，美国以应用技术卫星 ATS-6(1974.5)作为高轨道卫星做了三次高-低 SST 实验，即跟踪 Apollo-Soyuz(1975.7)、NIMBUS-5 气象卫星和 GEOS-3 测地卫星(1975.3)。实验表明，利用 ATS-6 对 Apollo（轨道高度约 240km）的跟踪数据获得了南大西洋和印度洋地区精度为 7mGal 的 5°×5° 重力异常，ATS-6 对 GEOS-3（轨道高度约 800km）的跟踪数据也被用于改进太平洋、非洲和印度洋地区的平均重力异常。

最新研究表明，全球定位系统卫星跟踪中、低轨卫星或低轨飞行器能显著提高重力场的精度和分辨率，例如跟踪 TOPEX 卫星（轨高 1335km）能以 0.2mGal 的准确度恢复 25 阶次重力场；跟踪轨高 160km 的飞行器能以 4~5mGal 准确度恢复 180 阶次重力场。

从本质上看，高-低 SST 与地面站跟踪并无很大区别，但其数据的覆盖率和分辨率有较大提高，而在高-低 SST 的基础上发展起来的低-低 SST 测定地球重力场的精度和分辨率更高。低-低 SST 的理论最初是由 Wolff(1969)提出来的。1978 年欧洲空间局(ESA)就提出了一项称为"SLALOM 飞行"的计划。80 年代初美国又提出了一项"重力卫星飞行计划"(GRAVSAT)，后被"重力位研究飞行计划"(GRM)所代替，其目的是通过在同一个低圆极轨道上的两颗卫星约六个月的连续跟踪测量，以 100km 的空间分辨率、2.5mGal 和 7cm 的精度测定全球重力场和大地水准面，后因"挑战者号"航天飞机的失事而推迟了此项计划。

经过近 30 年的发展，卫星跟踪卫星技术已趋向成熟和实用，欧洲空间局和美国宇航局(NASA)陆续发射了具有测定地球重力场能力的卫星，如 CHAMP、GRACE 和 GOCE。其中 CHAMP 是用于地球物理研究的小卫星，采用高-低 SST 技术模式。GRACE 是"探测重力场、磁场和气象实验"的卫星探测计划，同时采用高-低 SST 和低-低 SST 技术。GOCE 是所谓"重力场和静态洋流探索"的卫星探测计划，同时实施高-低 SST 技术和卫星重力梯度测量技术。

8. 卫星重力梯度测量

卫星重力梯度测量是利用安置在卫星上的差分加速度计来测定重力加速度在 x、y、z 三个方向上的加速度分量之差来求得重力加速度在三个方向上的分量梯度，即重力位的二阶偏导数，进而来推求地球重力场的一种卫星重力学方法。2009 年 3 月发射的 GOCE 卫星就是采用这种方法工作的一颗重力卫星。卫星上安装了一台全球定位系统/格洛纳斯接收机以及激光后向反射棱镜，以便用全球卫星导航定位系统和卫星激光测距的方法来进行精密定轨，卫星上还安装了恒星敏感器和姿态控制系统来进行卫星的姿态控制，以及一台静电重力梯度仪来测定在三个相互垂直方向上的重力分量的梯度，这是关系到计划成败的关键性部件。

GOCE 计划的主要目的是提供最新的具有高空间分辨率和高精度的全球重力场和全球大地水准面的模型，预计球谐函数的阶次数可大于或等于 200，空间分辨率将达到 90~200km。这一新的地球重力场模型可以对陆地重力测量和航空重力测量提供强有力的支持。

CHAMP、GRACE、GOCE 是第三代卫星重力技术中的三个子系统，功能互补，这三个计划的实施对于建立高空间分辨率、高精度的地球重力场模型将产生巨大的推动作用。上述的八种空间大地测量技术中，前四项技术主要用于建立和维持各种坐标系及测定地球定向参数，其中部分技术还可用于导航、时间传递、大气研究(电离层、对流层等)、测定地球重力场；后四种技术主要用于测定地球重力场，部分技术还可用于海洋学研究和大气研究等。

第 2 章 原子钟

人们平时所用的钟表,精度高的大约每年会有 1 分钟的误差,这对日常生活是没有影响的,但在要求很高的生产、科研中就需要更准确的计时工具。目前世界上最准确的计时工具就是原子钟,它是 20 世纪 50 年代出现的。原子钟是利用原子吸收或释放能量时发出的电磁波来计时的。由于这种电磁波非常稳定,再加上利用一系列精密的仪器进行控制,原子钟的计时就可以非常准确了。现在用的原子钟里的元素有氢、铯、铷等。原子钟的精度可以达到每 3000 万年误差 1 秒。这为天文、航海、宇宙航行提供了强有力的保障。

2.1 原子钟基本原理

根据原子物理学的基本原理,原子是按照不同电子排列顺序的能量差,也就是围绕在原子核周围不同电子层的能量差,来吸收或释放电磁能量的。这里电磁能量是不连续的。当原子从一个"能量态"跃迁至低的"能量态"时,它便会释放电磁波,这也就是人们所说的共振频率,这种电磁波特征频率是不连续的。同一种原子的共振频率是一定的。比如已知铯 133 的共振频率为 9192631770Hz,铯原子可将用作一种节拍器来计高度精确的时间。

20 世纪 30 年代,拉比和他的学生们在哥伦比亚大学的实验室里研究原子和原子核的基本特性。在研究过程中,拉比发明了一种被称为磁共振的技术,这项技术能够测量出原子的自然共振频率。为此他们在依靠这种原子计时器来制造时钟方面迈出了有价值的第一步,他还获得了 1944 年诺贝尔奖。

在原子钟里,一束处于某一特定"超精细状态"的原子束穿过一个振荡电磁场。磁场的振荡频率越接近原子的超精细跃迁频率,原子从磁场中吸收的能量就越多,最终使原子从原始超精细状态跃迁到另一状态。通过一个反馈回路,人们能够调整振荡场的频率直到所有的原子完成跃迁。原子钟就是将振荡场的频率(即保持与原子的共振频率完全相同的频率)作为产生时间脉冲的节拍器。

2.2 原子钟发现史

直到20世纪20年代，最精确的时钟还依赖于钟摆。取代它们的更精确的时钟是基于石英晶体有规则振动而制造的，这种时钟的误差每天不大于千分之一秒。即使如此精确，仍不能满足科学家们研究爱因斯坦引力论的需要。根据爱因斯坦的理论，在引力场内，空间和时间都会弯曲。因此，一个在珠穆朗玛峰顶部的时钟，比一个在海平面处完全相同的时钟平均每天快三千万分之一秒。所以想要更精确测定时间就需要找到更精确的计时工具，而通过原子本身的微小振动来控制计时钟就是一个很好的方法。

20世纪30年代，美国哥伦比亚大学实验室的拉比和他的学生在研究原子及其原子核的基本性质时所获得的成果，使基于原子计时器的时钟研制取得了实质性进展。1949年，拉比的学生拉姆齐提出，使原子两次穿过振动电磁场，可使时钟更加精确。拉姆齐因此而获得了1989年的诺贝尔奖。

"二战"后，美国国家标准局和英国国家物理实验室都宣布，要以原子共振研究为基础来确定原子时间的标准。世界上第一个原子钟是由美国国家物理实验室的埃森和帕里合作建造完成的，但这个钟需要一个房间的设备（如图2-1所示），实用性不强。另一名科学家扎卡来亚斯使得原子钟成为一个更为实用的仪器。扎卡来亚斯计划建造一个被他称为原子喷泉的、充满了幻想的原子钟，这种原子钟非常精确，足以研究爱因斯坦预言的引力对时间的作用。研制过程中，扎卡来亚斯推出了一种小型的原子钟，可以从一个实验室方便地转移到另一个实验室。1954年，他与麻省的摩尔登公司一起建造了以他的便携式仪器为基础的商用原子钟。两年后该公司生产出了第一个原子钟，如今用于全球定位系统的铯原子钟都是这种原子钟的后续产品。

图2-1　最早的原子钟之一

现代最精准的原子钟 NIST-F1 是由 170 个元器件组成的,其中包括透镜、反射镜和激光器。位于中部的管子高 1.70m,铯原子在其中上下移动,发出极为规则的"信号"。

到了 1967 年,关于原子钟的研究已富有成效,以至于人们依据铯原子的振动而对秒做出了重新定义。原子钟已极其精确,其误差可达 3000 万年内不大于 1s。历经数年的努力,三种原子钟——铯原子钟、氢微波激射器和铷原子钟(它们的基本原理相同,区别在于元素的使用及能量变化的观测手段),都已成功地应用于太空、卫星以及地面控制。在这三类原子钟中最精确的原子钟是铯原子钟,全球导航定位系统最终采用的就是铯原子钟。

2010 年 2 月,由美国国家标准局研制的铝离子光钟已达到 37 亿年误差不超过 1s 的惊人水平,成为世界上最准的原子钟。

2006 年,中国终于突破了国外封锁,拥有了铷原子钟的自主生产能力。2022 年梦天实验舱为中国空间站送来了一组三套原子钟,包括氢原子钟、铷原子钟和光钟,它们的组合叫冷原子钟组,这也是世界上第一套空间冷原子钟组。如图 2-2 所示是我国近些年的原子钟产量统计,产业发展速度较快。

图 2-2 国产原子钟产量(数据来源于华经产业研究院)

2.3 原子钟种类

1. 铯原子钟

铯原子钟是利用铯原子内部的电子在两个能级间跳跃时辐射出来的电磁波作为标准,去控制校准电子振荡器,进而控制钟的走动。这种钟的稳定程度很高,目前,最好的铯原子钟其误差达到 3000 万年才相差 1s(如图 2-3 所示样钟)。现在国际上普遍采用铯原子钟的跃迁频率作为时间频率的标准,广泛使用在天文、大地测量和国防建设等各个领域中。

2. 氢原子钟

氢原子钟是在现代的许多科学实验室和生产部门中广泛使用的一种精密的时钟（如图2-4所示），它是利用原子能级跳跃时辐射出来的电磁波去控制校准石英钟，但它用的是氢原子。这种钟的稳定程度相当高，每天变化只有十亿分之一秒。氢原子钟亦是常用的时间频率标准，被广泛用于射电天文观测、高精度时间计量、火箭和导弹的发射、核潜艇导航等方面。氢原子钟在1960年被美国科学家拉姆齐首先研制成功。

图 2-3　铯原子钟 NIST7

图 2-4　氢原子钟

3. 铷原子钟

铷原子钟是所有原子钟中最简便、最紧凑的一种。这种时钟使用一玻璃室的铷气，当周围的微波频率刚好合适时，就会按光学铷频率改变其光吸收率。如图 2-5 所示为中国科学院精密测量科学与技术创新研究院研制的第二代星载铷钟，2018 年装备北斗三号卫星。

4. 微型原子钟

原子钟已经为天文、航海、宇宙航行等领域提供了强有力的保障。但是，目前这些原子钟体积庞大，重量也很大，达几百千克。要日常使用的话，原子钟的尺寸需要大幅缩小（而精度要被保留）。

芯片级微型原子钟最早由美国密歇根大学科学家与美国国防部及美国国家标准与技术研究所合作研制。近几年国内铷原子钟厂家已经自主研制出此类产品，如图 2-6 所示。该款原子钟可以用于手机等类似体积的装置中。微型原子钟由于耗电量极低在此类集成用法方面将快速发展。

图 2-5 铷原子钟

图 2-6 最小的铷原子钟

芯片级原子钟每天走时误差仅为 1ms 或每 2.74 年走时误差为 1s，虽然它没有 NIST-F1 原子钟走时准确，但是胜在体积小和节能：NIST-F1 原子钟体积庞大，占空间 3.7m³，耗电功率达 500W；微型芯片原子钟却特别微小，体积仅为 1cm³，耗电功率极小（因此它可以由普通电池来供电）。新型原子钟的低能耗是微型化副产品的一部分，它走时由铯原子控制，铯原子周期性改变节拍器的能量状态。工作时，一对铯原子需要被加热到 80℃，实验原子钟蒸气室大小总共为 0.6mm³，将一对铯原子加热到所需温度耗时不到 3s，功率几毫瓦。此外，蒸气室中含有的缓冲气体会减少铯原子与蒸气室壁相碰撞的能耗。

CPT 原子钟是利用原子的相干布居囚禁原理实现的一种新型原子钟，原理如图 2-7 所示。由于不再需要微波谐振腔，因此可以做到真正的微型化。美国 NIST 研制的 CPT 原子钟体积有的甚至比一粒米还要小。CPT 原子钟被认为可以集成到一个芯片上，可以让很多设备上升一个甚至多个等级，因此也被称为芯片尺度原子钟（CSAC），国内也称之为芯片级原子钟。它是迄今为止能够用纽扣电池供电长时间工作的唯一的一种原子钟。它在导航定位、计时、同步通信等领域有着广泛的应用前景。

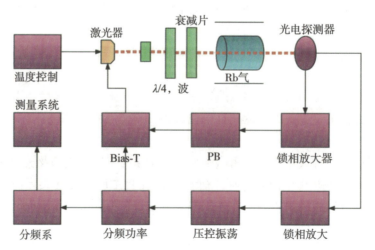
图 2-7 CPT 原子钟的原理图

最小的 CPT 原子钟为手表尺寸，并用纽扣电池供电。由于这些特点，CPT 原子钟在远程通信系统定时、大范围通信网络同步、武器装备的便携化等军、民应用方面具有很好的应用前景。例如 CPT 频标应用于全球定位系统接收机，可以显著提高导航定位精度。欧美等西方国家已经把便携式和微型化 CPT 频标的研发列入国家战略发展目标。如图 2-8 所示为国产微型原子钟，可应用于定位导航、互联网等多个领域。

图 2-8　微型原子钟

2.4　原子钟最新研究成果

美国《科学》杂志于 2001 年 7 月 12 日公布的一项研究结果表明，美国政府科学家已经将先进的激光技术和单一的汞原子结合而研制出了世界上最精确的时钟。位于美国科罗拉多州博尔德城的美国国家标准与技术研究所的科学家研制出了这种新型的以高频不可见光波和非微波辐射为基础的原子钟。由于这种时钟的研制主要是依靠激光技术，因而它被命名为"全光学原子钟"。

我们知道原子时钟的"滴答"声来自原子的转变，在当前的原子钟中，铯原子是在微波频率范围内转变的，而光学转变发生在比微波转变高得多的频率范围（更短的周期），因此它能够提供一个更精细的时间尺度，也就可以更精确地计时。这种新研制出来的全光学原子时钟的指针在 1s 钟内走动时发出的"滴答"声为 1000 的 5 次方（10^{15}），是现在最高级的时钟——微波铯原子钟的十万倍。所以，用它来测量时间将更精确。

所有时钟的构造都包括两大部分：即能够按照固定周期走动的装置，如钟摆；还有一些计算、累加和显示时间流逝的装置，如驱动时钟指针的齿轮。原子钟增加了第三部分，即在特定的频率对光和电磁辐射作出反应的原子，这些原子用来控制"钟摆"。目前最高级的原子钟，就是利用 100 万个液态金属铯原子对微波辐射做出反应来控制指针的走动。这样的指针每秒钟大约走动 100 亿次，时钟指针走动得越快，时钟计算的时间也就越精确。但是铯原子钟使用的高速电子学技术并不能计算更多的指针走动次数。因此，美国科学家在研究新型的全光学原子钟时使用的不是铯原子，而是单个冷却的液态汞离子(即失去一个电子的汞原子)，并把它与功能相当于钟摆的飞秒(一千万亿分之一秒)激光振荡器相连，时钟内部配备了光纤，光纤可将光学频率分解成计数器可以记录的微波频率脉冲。

要制造出这种原子钟需要有能够捕捉相应离子，并使捕捉到的离子足够静止来保证准确读取数据的技术，同时要能保证在如此高的频率下准确地计算"滴答"次数。这种时钟的质量依赖于它的稳定性和准确性，也就是说，这个时钟要提供一个持续不变的输出频率，并使它的测量频率与原子的共振频率相一致。

领导这一研究的美国物理学家斯科特·迪达姆斯说："我们首次展示了这种新一代原子钟的原理，这种时钟可能比目前的微波铯原子钟精确 100 到 1000 倍。"它可以测定有史以来最短的时间间隔。科学家们预言这种时钟可以提高航空技术、通信技术(如移动电话和光纤通信技术)等的应用水平，同时可用于调节卫星的精确轨道、外层空间的航空和连接太空船等。

由美国科罗拉多大学天体物理学研究所联合实验室研发的锶晶格原子钟打破了时间精度纪录，此前这项纪录的保持者为美国国家标准与技术研究所研制的量子逻辑时钟，但锶晶格原子钟比后者更加精准，精确度能提高 50%。

天体物理学研究所的 Jun Ye 博士认为锶晶格原子钟由两个能级之间的原子振荡控制，通过激光装置精确控制能级之间的转换，这就实现了最为精确时钟的制造(如图2-9所示样钟)。其实科学家的目标是制造永远不会走偏的时钟，目标已经不是 50 亿年，而是整个宇宙的年龄，也就是说在这个宇宙可能存在的生命周期内，这个时钟是不会走慢或者走快的。

图 2-9　锶晶格原子钟(图片来自 cnBeta 网)

当前，主要发达国家都在进行空间冷原子钟的战略布局，如欧空局的 ACES 计划，在国际空间站运行一台以冷原子铯钟为核心的高精度时频系统，在 2020 年左右发射；

美国曾经开展的 PARCS(空间冷原子铯钟)、SUMO(超导振荡器)、RACE(空间冷原子铷钟)等研究计划,如图 2-10 所示为样钟,利用冷原子开展空间科学研究更是目前国际前沿热点之一。

图 2-10 空间冷原子钟外形(图片来自中国科学院)

第 3 章 坐标系统

3.1 天球坐标系

天文学当中，天球坐标系是以球面坐标为依据，确定天体在天球上的位置而规定的坐标。球面坐标系统包括基本圈、次圈、极点和原点。

基本圈是球体中特别选定的大圆，是球面坐标纬度的起算点，相当于平面坐标的横轴。次圈与基本圈垂直，次圈可以有无穷多个，但是通过原点的辅圈最重要，它相当于平面坐标的纵轴。原点为基本圈和次圈的交点。

由于地球的自转，天球和天体每日旋转一周，方向自东向西。利用这些圈和点可以在天球上建立天球坐标系，以适当地表示天体在天球上的位置。

由于适用环境不同，常用以下四种坐标系表示：地平坐标系、时角坐标系、赤道坐标系、黄道坐标系。

3.1.1 地平坐标系

地平坐标系是一种最直观的天球坐标系，和我们日常的天文观测关系最为密切。例如，在晴朗的傍晚，观测者经常可以看到人造卫星在群星间的运行和大量的流星现象，它们的运行速度都很快，用什么方法能够快速、简便地记录下卫星或流星的位置呢？最简便的方法就是记下某瞬间该卫星或流星的地平方位角和地平高度角，如图 3-1 所示，这就是我们所要讨论的地平坐标系。

地平坐标系中的基本圈是地平圈。地平圈就是观测者所在的地平面无限扩展与天球相交的大圆。从观测者所在的地点，做垂直于地平面的直线并无限延长，在地平面以上与天球相交的点，称为天顶；在地平面以下与天球相交的点，称为天底。

在天球上，天顶和天底与地平圈的角距离均为 90°，只不过一个在地平圈以上，另一个在地平圈以下。地平圈把天球分为可见半球和不可见半球两部分。由于天球的半径是任意长的，而地球的半径则相对很小，因此，观测者所在的点可以认为是与地心重合的，地平圈也可以看成是以地心为圆心的，这与观测者所在点的地平面在天球上是完全

3.1 天球坐标系

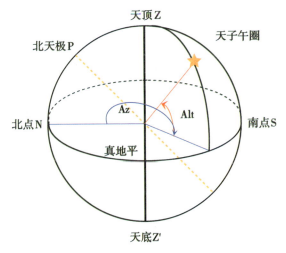

图 3-1 地平坐标系

一致的。

通过天顶和天底可以做无数个与地平圈相垂直的大圆，称为地平经圈；也可以做无数个与地平圈平行的小圆，称为地平纬圈。地平经圈与地平纬圈是构成地平坐标系的基本要素。

地轴的无限延长即为天轴，天轴与天球有两个交点，与地球北极相对应的那个点叫作北天极，与地球南极相对应的那个点叫作南天极。通过天顶和北天极的地平经圈（当然也通过天底和南天极），与地平圈有两个交点，靠近北天极的那个点为北点，靠近南天极的那个点为南点。北点和南点分别把地平圈和地平经圈等分。根据面北背南、左西右东的原则，可以确定当地的东点和西点，即面向北点左 90° 为西点，右 90° 为东点。这样，就确定了地平圈上的东、西、南、北四方点。

在地平坐标系中，通过南点、北点的地平经圈称子午圈。子午圈被天顶、天底等分为两个 180° 的半圆。以北点为中点的半个圆弧，称为子圈，以南点为中点的半个圆弧，称为午圈。在地平坐标系中，子圈所起的作用相当于本初子午线在地理坐标系中的作用，是地平经度（方位）度量的起始面。

方位即地平经度，是一种两面角，即子圈所在的平面与通过天体所在的地平经圈平面的夹角，以子圈所在的平面为起始面，按顺时针方向度量。方位的度量亦可在地平圈上进行，以北点为起算点，由北点开始按顺时针方向计量。方位的大小变化范围为 0°~360°，北点为 0°，东点为 90°，南点为 180°，西点为 270°。

方位在地理学和天文观测中有着广泛的应用。例如，在野外地质调查中，经常要测量沉积岩岩层的倾向，即岩层的倾斜方向，它就是用方位来表示的。它是用北点的方向与岩层倾斜方向的夹角表示的。如果其值介于 0°~90°，则岩层向东北倾斜，在 90°~

180°之间则向东南倾斜，在180°~270°之间则向西南倾斜，在270°~360°之间则向西北倾斜。

在天文观测中，如果预报或观测到某一天文现象，发生时的方位（南点为起点）为45°，则表示该天文现象发生于西南方。我们这里所说的方位，一般是指天文学中的概念，即南点是它的起点，午圈所在的平面是它的起始面。

高度即地平纬度，它是一种线面角，即天体方向和观测者的连线与地平圈的夹角。在观测地，天体的高度就是该天体的仰视角。在计算时，会出现负的高度值，这意味着天体位于地平圈下，即位于不可见半球。天体的高度可以在地平经圈上度量，从地平圈起算，到天顶为0°~90°，到天底为0°~(-90°)。

地平坐标中的方位，还可以用来测定地物相对于观测者的方向。天体的高度和方位可以用经纬仪直接测出，也可以用量角器大致估测。地表各点位置不同，地平坐标系的基本圈（地平圈）和基本点（天顶和天底）也随之不同。所以，在不同地点同时观察同一天体，所得到的方位和高度是不相同的；在同一地点，由于地球的自转，时间的延续，对于同一天体在不同的时刻进行观测，其方位和高度也是不相同的。所以，地平坐标值是因地因时而不同。随时间和地点的变化而变化是该坐标系的显著特征。例如，太阳刚升起的时刻，其方位较大，高度为0°；到了正午时刻，太阳位于正南方的天空中，其方位为0°，高度则增加到了一天中的最大值；到了太阳落山时刻，其方位和高度又发生了明显的改变。这就是地平坐标值随时间的变化，这种变化是地球自转造成的。

下面分别介绍在不同地点，地平坐标系的变化情况。

观测者在北极：此时，地平圈与天轴垂直，与地球赤道在天球上投影重合，北天极与天顶重合，南天极与天底重合。因此，北天极的高度就是天顶的高度，其值为90°。

观测者在赤道：在这种情况下，地平圈与天轴位于同一平面，北天极和南天极与天顶、天底的角距离均为90°，地平圈与天赤道垂直，北天极和南天极位于地平圈上。因此，北天极和南天极的高度都是0°。

观测者在北半球：在这里地平圈与天轴的夹角为0°~90°，这是因为地理纬度的地平面与地轴的夹角为0°~90°。所以，北天极的高度就是0°~90°，也就是，在北半球的任何一个地点，北天极的高度等于该地的地理纬度。这一规律给我们提供了一种天文测纬的基本方法。只要测量了天极在某地的地平高度，就得出了该地的地理纬度。

地平坐标系能把天体在当时当地的天空位置直观地、生动地表示出来。例如，若某人造卫星在某时刻的地平坐标值为：方位270°，高度45°，则说明，此时该人造卫星在正西方的天空，其仰角为45°。

在某地连续数小时观测某一恒星在天空中的位置变化，则可以看出该恒星的高度和方位是随着时间的推移而变化的。由此，可以对地平坐标系的含义有更清楚的认识。

地平坐标系具有以下特点：首先是地平坐标系是直接定义的，便于实现，易于进行直接观测；其次是对于不同观测者，彼此的天顶、地平均不同，同一天体的地平坐标也不同，具有地方性；再次是天体具有周日运动，其视位置不断变化，并且是非线性的，具有时间性；最后是地平坐标系与测站和观测时间均有关。

3.1.2 时角坐标系

时角坐标系是一种用定量的方法表达天体位置的天球坐标系。其基本圈是天赤道，基本点是北天极和南天极。

时角坐标系是天球坐标系的一种，又称第一赤道坐标系，如图3-2所示。常在天文观测中使用。

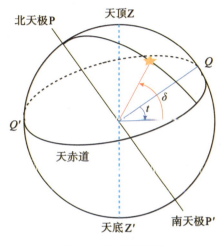

图 3-2 时角坐标系

时角坐标系是用赤纬和时角两个坐标来表示天体在天球上的位置。

在时角坐标系中，存在以下定义：

赤纬 δ：由赤道沿时圈向天体量，$0°\sim\pm90°$，向北为正，向南为负；

时角 t：从点 Q 起算，沿赤道向西量，$0°\sim360°$，或 $0\sim24h$；从点 Q' 起算，分别沿赤道向东、西量，$0°\sim\pm180°$，或 $0\sim\pm12h$，向西为正，向东为负。

时角坐标系具有以下特点：赤纬 δ 与测站、周日视运动无关；时角 t 与测站有关，具有地方性；时角 t 与周日视运动有关，具有时间性；常作为地平与赤道坐标系转换时的过渡坐标系。

3.1.3 赤道坐标系

赤道坐标系是以赤道面为基本平面的一种天球坐标系，如图3-3所示。过天球中心与地球赤道面平行的平面称为天球赤道面，它与天球相交而成的大圆称为天赤道。天赤道的几何极称为天极，与地球北极相对的天极即北天极，是赤道坐标系的极。经过天极的任何大圆称为赤经圈或时圈；与天赤道平行的小圆称为赤纬圈。作天球上一点的赤经圈，从天赤道起沿此赤经圈量度至该点的大圆弧长为纬向坐标，称为赤纬。赤纬从0°到±90°计量，赤道以北为正，以南为负。赤纬的余角称为极距，从北天极起，从0°到180°计量。

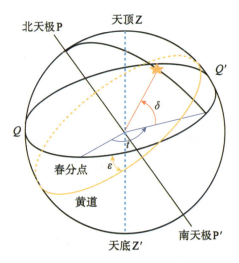

图 3-3 赤道坐标系

与所取主点以及随之而来的经向坐标不同，赤道坐标系又分第一赤道坐标系和第二赤道坐标系。第一赤道坐标系又称时角坐标系，与观测者有关。主点取为天赤道与观测者的天顶以南那段子午圈的交点。从主点起沿天赤道量到天球上一点的赤经圈与天赤道交点的弧长为经向坐标，称为时角。时角从0°到±180°或从0h到±12h计量，向东为负，向西为正。天体因周日视运动，时角不断变化。

第二赤道坐标系或简称赤道坐标系，主点取为春分点。从春分点起沿天赤道逆时针量到天球上一点的赤经圈与天赤道交点的弧长为经向坐标，称为赤经。赤经从0°到360°或从0h到24h计量。天体的赤经和赤纬，不因周日视运动或不同的观测地点而改变，所以各种星表通常列出它们。

赤道坐标系具有以下特点：坐标原点(春分点)随天球一起转动；赤经、赤纬与地球自转无关(与时间无关)；赤经、赤纬与测站无关；各种星表和天文历表中通常列出的都是天体在赤道坐标系中的坐标，以供全球各地观测者使用。

赤道天球坐标系在古代中国被称为浑天说，张衡《浑仪注》记载："浑天如鸡子，天体圆如弹丸，地如鸡子中黄，孤居于内。天大而地小，天表里有水。天之包地，犹壳之裹黄。天地各乘气而立，载水而浮。周天三百六十五度四分度之一；又中分之则一百八十二度八分之五覆地上，一百八十二度八分之五绕地下。"

3.1.4 黄道坐标系

地球绕太阳运行的轨道面无限扩展同天球相交所成的天球大圆叫黄道，黄道也是太阳周年视运动路线。经过地心并与黄道面垂直的直线叫黄轴，黄轴与天球相交的两点叫黄极，分为北黄极(E)和南黄极(E′)。经过南北黄极并且同黄道相垂直的天球大圆叫黄经圈，天球上与黄道平行的小圆叫黄纬圈。黄道和天赤道相交的两点叫二分点，其中黄道对于天赤道的升交点叫春分点(γ)，降交点叫秋分点。黄道上与二分点相距90°的两点叫二至点，其中位于天赤道以北的叫夏至点，位于天赤道以南的叫冬至点。

黄道坐标系是以黄道为基本圈的天球坐标系，如图3-4所示。黄道坐标系以经过春分点的黄经圈(半圆)为始圈(相当于平面直角坐标系的纵轴)，以春分点为原点组成的天球坐标系，它的经度叫黄经(λ)，是天体所在的黄经圈——终圈同始圈的角距离，即终圈与始圈所夹黄道的一段弧，以春分点为起点，在黄道上逆时针(左旋)度量，从0°到360°，它的纬度叫黄纬(β)，是天体相对于黄道的方向和角距离。从黄道开始，沿黄道(基圈)向北为0°到90°，向南为0°到-90°。黄道坐标系主要应用于太阳、月亮及行星在天球上的位置和运动。

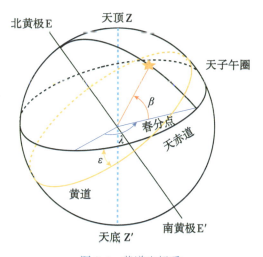

图3-4 黄道坐标系

在岁差和章动的研究中经常使用黄道坐标，其点和面分别为北黄极和黄道。

1. 基本圈和基本点

黄道坐标系的基本圈是黄道，基本点是北黄极和南黄极。

黄极是通过观测点(坐标中心)做垂直于黄道面的直线与天球相交的两个点，距北天极较近的点叫作北黄极，距南天极较近的点叫作南黄极。北黄极与南黄极的连线就是黄轴。

平行于黄道在天球上可以做无数个小圆，即黄纬圈。通过黄极可以做无数个与黄道垂直的大圆，即黄经圈，其中过春分点的黄经圈是黄道坐标系中经度(黄经)度量的起始圈。

2. 黄经

黄经即黄道坐标系中的经度，它是一种两面角。它是春分点所在的黄经圈平面与天体所在的黄经圈平面之间的夹角。黄经的度量是以春分点所在的黄经圈为起始圈，在黄道上沿逆时针方向进行的，用角度来表示，范围从 0°~360°。

3. 黄纬

黄纬即黄道坐标系中的纬度，它是一种线面角。它是天体与天球中心的连线和黄道平面之间的夹角。黄纬以黄道面为起点面，向南、向北两个方向量算，从黄道面到北黄极范围为 0°~+90°，从黄道面到南黄极范围为 0°~-90°。

以上 4 种坐标系基本元素如表 3-1 所示，其中地平坐标系区别于其他坐标系，坐标元素是变化的。

表 3-1 各坐标系基本要素

系统	地平坐标系		时角坐标系		赤道坐标系		黄道坐标系	
线	地平圈		天赤道		天赤道		黄道	
点	天顶、天底		北天极、南天极		北天极、南天极		北黄极、南黄极	
坐标要素	方位	高度	时角	赤纬	赤经	赤纬	黄经	黄纬
起始要素	南点	地平圈	主点	天赤道	春分点	天赤道	春分点	黄道
量算方法	顺时针 0°~360°	天顶+90° 天底-90°	顺时针 0°~360°	北天极+90° 南天极-90°	逆时针 0°~360°	北天极+90° 南天极-90°	逆时针 0°~360°	北黄极+90° 南黄极-90°
特点	因时因地		因时因地		不变		不变	

3.2 天球参考框架

国际天球参考系统（ICRS）是国际天文联合会（IAU）采用的天球参考系统标准，是通过一套河外射电源的位置来实现的，它基于运动学的概念。它的原点是太阳系的质心，轴的指向在太空中是固定的。

1991 年 IAU 决议采用银河系外的类星体作为国际天球参考系的基准源，1997 年欧空局第 1 颗天体测量卫星任务带来了依巴谷星表，随后开启了空间天体测量的时代，依巴谷星表是国际天球参考系更新定义后的首次光学实现。同一时期，天文学家在地面启用了甚长基线干涉测量，基于近 30 年国际联合观测累积，截至目前已实现了射电天球参考架的 4 次升级，在数量、位置精度和频段覆盖宽度等方面均有很大提高。2013 年欧空局发射了盖亚(Gaia)卫星,在持续不断地对宇宙进行观测和处理数据,并分期发布星表产品。目前盖亚任务成果发布的星数已达 20 多亿,最终天体测量精度将达到 5～10μas 水平,这将会成为人类至今创建的最高精度和最高密度的国际天球参考框架。此外,国际科研机构还编制出了多个基于地面照相观测的星表和针对其他特殊目的的星表,如暗星星表、变星星表、黄道星表、导星星表、特殊红外波段星表等。

国际天球参考框架的原点为太阳系质心,基本平面靠近 J2000.0 平赤道,国际天球参考框架的极点与 J2000.0 平极的距离小于 20mas,国际天球参考框架的赤经原点和 J2000.0 动力学分点相距约 78mas,这些值都在 FK5 的误差范围内,因此可以说,国际天球参考框架与恒星参考系是一致的,也是连续的。在国际天球参考框架中 J2000.0 的平极和分点的不确定性分别为 0.1mas 和 10mas。

国际天文学联合会工作组利用 1995 年 7 月前的全球甚长基线干涉测量观测资料,采用一定方法进行平差,求解得到一本射电源表,然后通过与国际地球自转服务的 1995 年综合射电源表进行比较,最终得到国际天球参考框架,它包括 608 颗河外射电源的位置,其中定义源 212 颗,候选源 294 颗,其他源 102 颗。源坐标的精度平均为 0.25mas。射电源的选择采用了以下几个准则:源的位置精度好于 1mas;观测次数在 20 次以上;几次试算中坐标差小于 3σ 或 0.5mas;源结构的变化和视运动很小。国际地球自转服务用数学模型维持国际天球参考框架的稳定性,主要包括局部形变(或称局部系统差)的消除和指向的维持。国际天球参考框架既不依赖地球自转,也不依赖黄道,它仅仅受观测影响。

1997 年在国际天文学联合会第 23 届大会上通过了国际天文学联合会参考框架工作组(WGRF)提出的由 608 颗河外射电源实现的国际天球参考系作为国际天文学联合会的协议天球参考系统,并决定自 1998 年 1 月 1 日起在天文研究、空间探测和地球动力学等领域应用。

国际天球参考系被认为是无旋转的,但已发现所选择的某些致密河外源在精细结构上仍为展源,并且源结构在毫角秒尺度上存在变化,因此需要对这些源的结构不断进行监测,推算源结构对时延的影响,然后根据其影响给出源的结构指数。通过在时延中加上源结构变化改正,并考虑宇宙物质分布变化引起的射电源"视自行",河外射电参考架的稳定性可达微角秒量级。

从 1988 年起,国际地球自转服务每年根据各分析中心提供的射电源表,通过数学方法进行综合,给出一本综合射电源表,用以定义和实现天球参考架,并维持天球参考架的稳定,自 1993 年以来指向精度稳定在几十微角秒量级。

国际天文学联合会大会(IAU2019)第 B2 号决议决定,自 2019 年 1 月 1 日起,ICRF3 是国际天体参考系统(国际天球参考框架)的基本实现。如图 3-5 所示,ICRF3 由 S/X、K 和 X/Ka 波段的三个星表表示,分别有 4536、824 和 678 个天体。

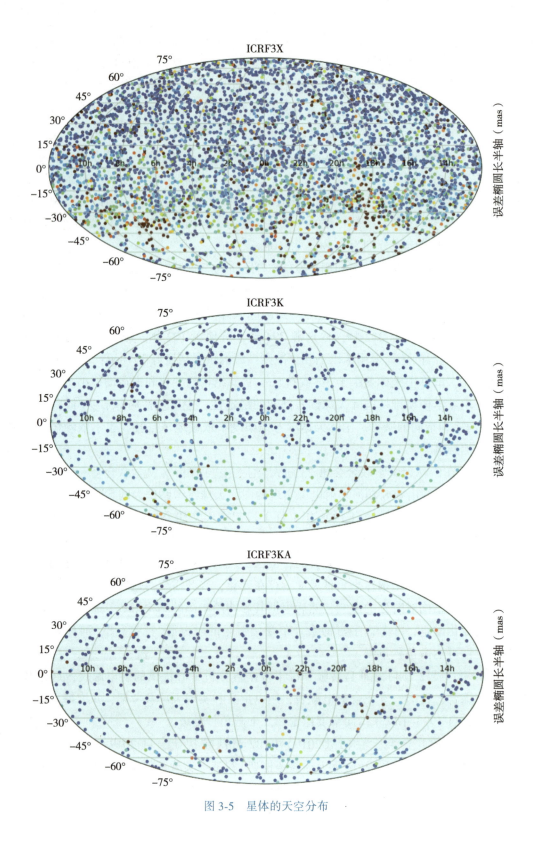

图 3-5 星体的天空分布

3.3 地球坐标系

在研究与地球有关的科技问题时，都需要以地球为参考的坐标系，称为地球坐标系，它是大地测量学和地球动力学研究的一种基本坐标系。如果把地球潮汐和地壳运动忽略不计，地球重力场和地面点的位置在这个坐标系中是固定不变的。也就是说这个坐标系仅随地球自转而转动，固定在地球上不变，因而也被称为地固坐标系。地球坐标系的建立已有一百多年的历史，1980 年以前主要采用的是光学观测。随着空间大地测量的开展，观测人造的或自然的天体打破了集团或国家独有的观测传统，迫切要求确立与使用公用的地球坐标系。但宇宙间不可能存在绝对固定不动的东西，所以建立这种坐标系只能通过一种协议结果来体现，因而这种坐标系也被称为协议地球参考系（CTRS），它是国际上约定统一采用的地球参考系。地球坐标系有两种几何表达方式，即地球直角坐标系和地球大地坐标系，这在武汉大学课题组编写的《大地测量学基础》教材中已有详细介绍，这里仅仅做简要介绍。

地球直角坐标系的定义是：原点 O 与地球质心重合，Z 轴指向地球北极，X 轴指向地球赤道面与格林尼治子午圈的交点，Y 轴在赤道平面中与 XOZ 构成右手坐标系。

地球大地坐标系的定义是：地球椭球的中心与地球质心重合，椭球的短轴与地球自转轴重合。空间点位置在该坐标系中表述为 (L, B, H)。

大地坐标与空间直角坐标之间的转换关系如下：

$$\begin{pmatrix} X \\ Y \\ Z \end{pmatrix} = \begin{pmatrix} (N+H)\cos B\cos L \\ (N+H)\cos B\sin L \\ [N(1-e^2)+H]\sin B \end{pmatrix} \tag{3-1}$$

式中，N 为卯酉圈曲率半径，e 为椭球第一偏心率。

我国常用的坐标系如表 3-2 所示，北京 54 坐标系是新中国成立初建立的，大量的测绘工作在这个坐标系下完成，但是北京 54 坐标系问题很多，大地原点不在我国。为此我国建立了西安 80 坐标系，大地原点在陕西省泾阳县永乐镇石际寺村，参考椭球采用国际大地测量与地球物理联合会推荐的参数。WGS84 坐标系虽然是美国建立的，但是由于卫星导航定位技术的广泛应用，在我国也得到广泛使用。为了与世界接轨，我国构建了地心参考框架 CGCS2000，目前全国的测绘工作都在这个坐标系下开展。

表 3-2 椭 球 参 数

参数	北京 54	西安 80	WGS84	CGCS2000
a/m	6378245	6378140	6378137	6378137
b/m	6356863.0188	6356755.2882	6356752.3142	6356752.3141
α	1/298.3	1/298.257	1/298.257223563	1/298.257222101
e^2	0.00693421623	0.00673950182	0.00669437999	0.00669438002

为了有个定量认识，同样的大地经纬度，采用西安 80 和国家 2000 坐标框架椭球计算的结果差异如图 3-6 和图 3-7 所示。图 3-6 中横向坐标为经度，纵向坐标为纬度，(a)(b)(c) 图分别为转换为空间直角坐标后的差异，从图中可以看到，各轴的坐标差异达到米级。(d) 图是距离差异，与 (c) 图比较像，但是绝对值要大不少。图 3-7 为通过正反算检验计算精度，误差优于 $10^{-9''}$。

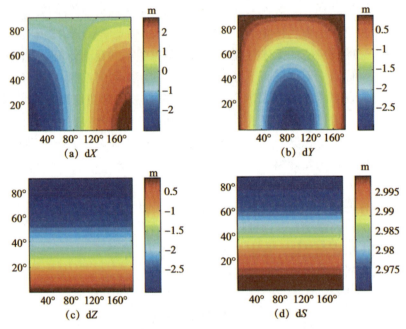

图 3-6　不同参考椭球的比较

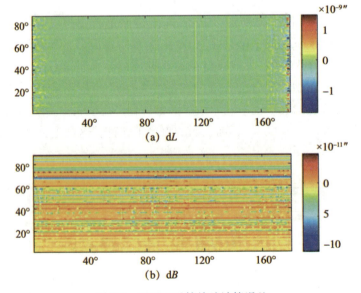

图 3-7　通过正反算检验计算误差

3.4 地球参考框架

地球参考框架是地球参考系统的具体实现，当前最出名的就是国际地球参考框架。

国际地球参考框架是国际地球自转服务中心的三种产品之一，其他两种产品为：地球自转参数和国际天球参考框架。国际地球参考框架的实现是基于一系列点的坐标和速度来完成的，这些点的坐标和速度是通过空间大地测量技术诸如甚长基线干涉测量、激光测月、激光测卫、全球定位系统和星载多普勒定轨的观测来计算的，综合多个数据分析中心的解算结果构建地球参考框架，由国际地球自转服务中心局根据各分析中心的处理结果进行综合分析，得出国际地球参考框架的最终结果即一组全球站坐标和速度场，并以国际地球自转服务年报和国际地球自转服务技术备忘录的形式发布。

由于科学技术的制约以及历史原因，在 20 世纪末以前，世界上所建立的大地坐标系统及大地坐标框架基本表现为二维、参心特征，采用局域定位和地面网点传递的技术方式提供坐标，未考虑板块运动、地表质量重分布等地球动力学效应对地面点的时变影响，相对精度大约为 10^{-5} 量级。例如，我国的 1954 北京坐标系、1980 西安坐标系就是如此，其定义包括所采用的地球椭球、大地原点位置及椭球 X、Y、Z 轴指向，对应的坐标框架则是用经典大地测量技术所测定的全国天文大地网。

20 世纪末期，全球导航卫星系统、甚长基线干涉测量、卫星激光测距、多普勒无线电定轨定位系统等空间大地测量观测手段成为建立全球或区域坐标框架不可或缺的重要技术。随后，地心坐标系及其框架开始逐渐取代传统的参心坐标系统及其框架。例如，全球定位系统采用的世界大地坐标系统及其框架、俄罗斯格洛纳斯坐标系统及其参考框架、欧盟伽利略地球参考框架、中国北斗导航卫星系统采用的坐标系统及其框架、国际地球参考系统及其实现国际地球参考框架等。其中，国际地球参考框架是目前建立理论最完善、应用最广泛、精度最高的全球地心坐标框架，为其他全球性和区域性坐标框架提供统一的空间基准。为了促进可持续发展，2015 年联合国通过了采用国际地球参考框架作为全球统一大地测量参考框架的决议。

近年来，很多国家也在积极推进区域坐标框架建设的进程，以国际地球参考框架为基准，利用全球导航定位系统等技术更新了各自的国家/区域地心坐标框架。这些区域坐标框架可以作为国际地球参考框架的加密或延伸，不仅支持国际地球参考框架建设，还为全球经济一体化、全球大地测量参考框架综合服务体系的构建奠定了非常坚实的基础。迄今为止，超过 80% 的国家地心坐标框架与国际地球参考框架对准。以我国为例，最新的 2000 国家大地坐标系统定义与国际地球参考系统一致。2000 国家大地坐标框架，代表了我国坐标基准建设的最高水平，精度显著优于我国长期采用的 1954 北京坐标系、1980 西安坐标系。

2016 年发布的 ITRF2014 采用 4 种空间大地观测技术，基于全球第二次数据重新处理计划建立。相较于 ITRF2008，ITRF2014 采用的观测数据及测站数量更多，数据处理模型及策略更先进，并且首次考虑了基准站的非线性运动。因此，其精度优于以往所有国际地球参考框架版本,但是长期精度仍为厘米级,无法满足气候变化、地质灾害、地震等大范围或全球尺度毫米级地球系统动态变化监测的需求。尤其是长期海平面变化监测,需要坐标框架的精确度和稳定性水平分别达到 1mm 和 1mm/a。2022 年 4 月,最新的 ITRF2020 正式发布,不仅提供基准站在参考历元时刻的位置及长期速度,还包括大地震造成的震后形变及周年、半周年参数模型。ITRF2020 产品精度较 ITRF2014 有所提高,但是其量级仍有待进一步评估。研究建立 1mm(中误差 1mm,限差 3 倍中误差)级坐标框架迫在眉睫,是目前大地测量领域面临的一项新任务和新挑战,同时也是全球大地测量观测系统的研究目标,还是国际大地测量学界 21 世纪的中长期学科目标。

ITRF2020 向其他框架转换的参数见表 3-3,表中速率表示每年变化量,ppb 表示尺度因子。从表中可以看出,参考框架点是每年在做缓慢变化的,只是移动量比较小而已。

表 3-3　　　　　　　　ITRF2020 向其他框架转换的参数(历元为 2015)

转换参数	Tx/mm	Ty/mm	Tz/mm	D/ppb	Rx/mas	Ry/mas	Rz/mas
ITRF2014	−1.4	−0.9	1.4	−0.42	0.00	0.00	0.00
速率	0.0	−0.1	0.2	0.0	0.0	0.0	0.0
ITRF2008	0.2	1.0	3.3	−0.29	0.00	0.00	0.00
速率	0.3	−0.1	0.1	0.03	0.00	0.00	0.00
ITRF2005	2.7	0.1	−1.4	0.65	0.00	0.00	0.00
速率	0.3	−0.1	0.1	0.03	0.00	0.00	0.00
ITRF2000	−0.2	0.8	−34.2	2.25	0.00	0.00	0.00
速率	0.1	0.0	−1.7	0.11	0.00	0.00	0.00

从 ITRF2020 到 ITRF2014 的 14 个转换参数已经使用 131 个站点联测进行了估计,点位分布遍布全球,美洲和欧洲数量相对较多。具体数据可以参考如下网站:https://itrf.ign.fr/en/solutions/ITRF2020。

3.4.1　平差基准定义

基准定义是地球参考框架实现的关键问题。坐标框架的基准定义就是确定坐标框架之间的转换参数,通常为三个平移参数、三个旋转参数和一个尺度参数,如果考虑到坐标框架随时间的变化,往往还需要以上七参数随时间的变化率,即十四个转换参数。

1. 对原点的定义

地心坐标系的原点应位于整个地球的质量中心,在全球定位系统、甚长基线干涉测量、激光测卫这三种技术中,激光测卫是动力学技术,能以较高的精度确定地球质心,所以组合框架的原点可以由激光测卫技术来确定,方法是使参加综合数据处理的激光测卫点位坐标速度场的平移量及其变化量为零,即:

$$T_X^S = 0, \ T_Y^S = 0, \ T_Z^S = 0$$
$$\dot{T}_X^S = 0, \ \dot{T}_Y^S = 0, \ \dot{T}_Z^S = 0 \tag{3-2}$$

2. 对旋转的定义

考虑到甚长基线干涉测量及全球定位系统在空间定向上的优势,我们可以认为参与处理的甚长基线干涉测量、全球定位系统点位坐标速度场相对于组合框架没有旋转,即以甚长基线干涉测量、全球定位系统作为方向定向标准,即:

$$R_X^V = 0, \ R_Y^V = 0, \ R_Z^V = 0$$
$$\dot{R}_X^V = 0, \ \dot{R}_Y^V = 0, \ \dot{R}_Z^V = 0 \tag{3-3}$$

3. 对尺度的定义

考虑到甚长基线干涉测量在空间定向上的优势,我们可以认为参与处理的甚长基线干涉测量点位坐标速度场相对于组合框架的尺度没有变化,即以甚长基线干涉测量作为尺度标准,即:

$$D^V = 0, \ \dot{D}^V = 0 \tag{3-4}$$

3.4.2 多技术融合基准实现方式

多技术融合前需先进行单技术融合。目前常用的单技术基准实现方法有赫尔默特变换、松弛约束、最小约束。

赫尔默特变换采用不同的自由网平差方法来处理全球大地控制网的数据,由于采用的基准不同,所得到的参数的平差值也是有所不同的。

转换参数及其速率的估计中另一个很重要的因素是权矩阵 P_x 的选取。权矩阵的选取主要有三种形式:①单位权矩阵,即 $P_x = I$,I 为单位阵;②与 X_1 和 X_2 有关的方差协方差矩阵对角线上的值组成的矩阵的逆矩阵;③全协方差矩阵的逆矩阵。一般来说,上述三种不同的定权方法所求得的转换参数的值会有所不同。但如果两个坐标框架处于同一个精度量级,参数转换所用到的测站是全球分布的,而且这些测站都是质量比较好的站,那从理论上来说,无论采用上述哪种定权方法都应得到相同的转换参数。因此课题要在测站质量、分布上分析确定用于基准定义的站。

松弛约束一般是指在参数的精度范围内,引入未知参数的先验信息,实际就是提供了先验信息所在的基准。若参数的先验方差给得比较大,这类平差问题通常就称为带松弛约束信息的平差。在国际地球参考框架数据组合处理中,根据经验值,给坐标和速度分别附加的先验方差为 $\sigma \geqslant 1\text{m}$ 和 $\sigma \geqslant 10\text{cm/a}$。

最小约束基于的基本方程为

$$\hat{X}_2 = \hat{X}_1 + \hat{A}\theta \tag{3-5}$$

$\hat{X}_2$，$\hat{X}_1$ 分别为不同坐标框架下的坐标和速度向量，θ 为 14 个转换参数，$\hat{A}$ 为设计矩阵，其中的部分值用站坐标的近似值，其中 $1<i<n$，n 为测站的数量：

$$\hat{A} = \begin{bmatrix} \cdot & \cdot & \cdot & \cdot & \cdot & \cdot & \cdot & \cdot & \cdot & \cdot & \cdot & \cdot & \cdot & \cdot \\ 1 & 0 & 0 & x_0^i & 0 & z_0^i & -y_0^i & 0 & 0 & 0 & 0 & 0 & 0 & 0 \\ 0 & 1 & 0 & y_0^i & -z_0^i & 0 & x_0^i & 0 & 0 & 0 & 0 & 0 & 0 & 0 \\ 0 & 0 & 1 & z_0^i & y_0^i & -x_0^i & 0 & 0 & 0 & 0 & 0 & 0 & 0 & 0 \\ 0 & 0 & 0 & 0 & 0 & 0 & 0 & 1 & 0 & 0 & x_0^j & 0 & z_0^j & -y_0^j \\ 0 & 0 & 0 & 0 & 0 & 0 & 0 & 0 & 1 & 0 & y_0^j & -z_0^j & 0 & x_0^j \\ 0 & 0 & 0 & 0 & 0 & 0 & 0 & 0 & 0 & 1 & z_0^j & y_0^j & -x_0^j & 0 \\ \cdot & \cdot & \cdot & \cdot & \cdot & \cdot & \cdot & \cdot & \cdot & \cdot & \cdot & \cdot & \cdot & \cdot \end{bmatrix} \tag{3-6}$$

最小二乘解向量可以表示为：

$$\theta = (\hat{A}^T P_x \hat{A})^{(-1)} \hat{A}^T P_x (X_2 - X_1) \tag{3-7}$$

若令 $B = (\hat{A}^T P_x \hat{A})^{(-1)} \hat{A}^T P_x$，则：

$$\theta = B(X_2 - X_1) \tag{3-8}$$

当 X_2 与 X_1 处于同一坐标框架中时，便可得到以下最小约束条件：

$$B^T \sum\nolimits_\theta^{-1} B(\hat{X} - X_0) = 0 \tag{3-9}$$

式中，$\sum_\theta$ 为对角阵，对角线上的元素是与待定义的转换参数对应的方差，数值取的一般较小，$\hat{X}$ 是待估计的坐标速度向量，X_0 是参数先验值向量。形成法方程：

$$\left(B^T \sum\nolimits_\theta^{-1} B\right) \hat{X} = \left(B^T \sum\nolimits_\theta^{-1} B\right) X_0 \tag{3-10}$$

将上式与原法方程相加，得到附加了最小约束的法方程：

$$\left(N + B^T \sum\nolimits_\theta^{-1} B\right) \hat{X} = b + \left(B^T \sum\nolimits_\theta^{-1} B\right) X_0 \tag{3-11}$$

上式是目前被许多分析中心所使用的方程，增加 $B^T \sum_\theta^{-1} B$ 项到法方程 N 中，使得奇异的法方程可以求逆。最小约束的实质是将待定的坐标框架转换到已知点所在的框架。这项技术在课题里主要用于分析历元框架间的变化情况。

多技术基准定义及实现方法：对单技术基准采用松弛约束建立的法方程引入转化参数造成秩亏，需要附加约束条件，才能保持法方程可逆。基准约束主要有以下方法。

1. 加权重心基准约束

加权重心基准约束的条件方程为：

$$\begin{cases} G^T P_x x = 0 \\ NG = 0 \end{cases} \tag{3-12}$$

式中，G^T 为条件方程系数，P_x 为基准权。

2. 随机基准约束

随机基准约束的条件方程为：

$$\delta x = 0 \tag{3-13}$$

即把参数的先验值 x_0 按照参数的标准差 σ_0 引入法方程，按 σ_0 的大小分为强约束、可移除约束、松约束。

3. 内约束法

应用内约束法的目的是保持时间序列维持的参考框架内在的基准的纯洁性，不受外部框架的干扰，比如卫星技术的地心和尺度基准，甚长基线干涉测量技术的尺度基准。

假设系统转换参数是线性变换的：

$$P_i = P_k(t_0) + (t_k - t_0) \cdot \dot{P}_k \tag{3-14}$$

式中，P_i、$\dot{P}_k$ 分别为系统参数及其变化率。

在联合平差模型中，待估参数包括时间序列解 i 与长期解 k 之间的系统参数，可以对模型施加如下的约束条件，使得在 t_0 时刻所有的时间序列解与联合解的系统参数及其变化率为 0：

$$\begin{cases} P_k(t_0) = 0 \\ \dot{P}_k = 0 \end{cases} \tag{3-15}$$

根据最小二乘法得到法方程：

$$\begin{bmatrix} m & \sum_{i=1}^{m}(t_k - t_0) \\ \sum_{i=1}^{m}(t_k - t_0) & \sum_{i=1}^{m}(t_k - t_0) \end{bmatrix} \begin{bmatrix} P_i(t_0) \\ \dot{P}_i \end{bmatrix} = \begin{bmatrix} \sum_{i=1}^{m}(P_i) \\ \sum_{i=1}^{m}(t_k - t_0)P_i \end{bmatrix} \tag{3-16}$$

便可得到内约束的条件为：

$$\begin{cases} \sum_{i=1}^{m} P_i = 0 \\ \sum_{i=1}^{m}(t_k - t_0)P_i = 0 \end{cases} \tag{3-17}$$

上式与联合平差模型联合，按最小二乘约束平差即可求解，避免了基准参考框架的选择。

4. 最小约束

最小约束法的基准符合一组概略坐标值系统(通常为高精度地球参考框架)。设大

地网解为 X_1，概略坐标值为 X_2（假设仅包括 N 个公共测站）。

X_1 到 X_2 的相似变换模型为：

$$X_2 = X_1 + A\theta \tag{3-18}$$

其中

$$A = \begin{bmatrix} \cdot & \cdot & \cdot & \cdot & \cdot & \cdot & \cdot \\ 1 & 0 & 0 & x_0^i & 0 & z_0^i & -y_0^i \\ 0 & 1 & 0 & y_0^i & -z_0^i & 0 & x_0^i \\ 0 & 0 & 1 & z_0^i & y_0^i & -x_0^i & 0 \\ \cdot & \cdot & \cdot & \cdot & \cdot & \cdot & \cdot \end{bmatrix} \tag{3-19}$$

A 矩阵的列分别对应 7 个基准参数，前 3 列对应平移参数，4 种技术中，除激光测卫外，全球定位系统、甚长基线干涉测量、多普勒卫星精密定轨系统都需要通过平移参数约束到先验框架；第 4 列为尺度参数，除甚长基线干涉测量外，全球定位系统、激光测卫、多普勒卫星精密定轨系统都需要通过尺度参数约束到先验框架；后 3 列对应旋转参数，4 种技术都需要通过旋转参数约束到先验框架。

当 $x = X_2 - X_1$ 视为虚拟观测值时，得到以下误差方程：

$$x + v_x = A\theta \tag{3-20}$$

由最小二乘可得：

$$\theta = (A^T A)^{-1} A^T x = Bx \tag{3-21}$$

当 X_1 与 X_2 处在同一框架中时，便可得到以下的最小约束条件：

$$\theta = Bx = 0 \tag{3-22}$$

约束条件引入法方程的方法：将基准约束条件方程作为虚拟的观测值，则误差方程为：

$$\tilde{v} = B^T P_x x - \tilde{l} \tag{3-23}$$

式中，$B^T P_x$ 为系数阵，P_x 为基准权，$\tilde{l}$ 为虚拟观测值。

法方程：

$$\tilde{N} x = \tilde{b} \tag{3-24}$$

式中，$\tilde{N} = P_x B \tilde{P} B^T P_x$，$\tilde{b} = P_x B \tilde{P} \tilde{l}$。

将上式附加在法方程上：

$$(N + \tilde{N}) x = b + \tilde{b} \tag{3-25}$$

将最小约束条件作为伪观测量得到误差方程：

$$l_{mc} + v_{mc} = B\hat{x} \tag{3-26}$$

式中，$B = (A^T A)^{-1} A^T$，$l_{mc} = 0$，$D(l_{mc}) = Q_\theta$。Q_θ 为系统参数约束的协因数阵，体现两组解的紧密程度，构造对角阵 $\mathrm{diag}[\sigma_i^2]$，顾及当前地球参考框架的精度，$[\sigma_i^2]$ 应为一些小值。

原始大地网以 X_2 为初值的误差方程：

$$l + v = A\hat{x} \tag{3-27}$$

由式(3-26)、式(3-27)联合得误差方程为：

$$\begin{pmatrix} v \\ v_{mc} \end{pmatrix} = \begin{pmatrix} A\hat{x} \\ B\hat{x} \end{pmatrix} - \begin{pmatrix} l \\ l_{mc} \end{pmatrix} \tag{3-28}$$

得最小约束的法方程为：

$$(N + B^{\mathrm{T}} Q_\theta^{-1} B)\hat{x}_{mc} = b \tag{3-29}$$

式中，$N = A^{\mathrm{T}}PA$，$b = A^{\mathrm{T}}Pl$，P 为原始观测量的权阵，l 为自由项。

解得附加最小约束的参数估值改正数：

$$\hat{x}_{mc} = (N + B^{\mathrm{T}} Q_\theta^{-1} B)^{-1} b \tag{3-30}$$

参数估值及其协因数阵为：

$$\hat{X}_{mc} = X_2 + \hat{x}_{mc} \tag{3-31}$$

$$Q_{mc} = (N + B^{\mathrm{T}} Q_\theta^{-1} B)^{-1} \tag{3-32}$$

不同分析中心的 SINEX 格式的数据，解的约束类型往往不同，其相应的处理方法也不同。在 SINEX 文件的解向量模块中，给出了约束类别。即 0 代表固定约束/紧约束，1 代表重要约束，2 代表无约束。

当约束代码为 0 时，该解集是应用已知数据在平差前后保持不变的平差方法获取的，即固定已知数据。这类文件在各种分析中心提供的解中极少出现。

当约束代码为 1 时，该解集是应用参数加权平差方法得到的。在这种情况下，文件中必然包含先验参数和先验方差-协方差阵。

当约束代码为 2 时，解集应当区别对待，有可能是松约束，这种情况下，有时会给出先验参数模块和先验方差-协方差阵模块，参数方差一般较大，如 100m，有时不给出这两个模块。第二种可能是最小约束，在解算和约束模块，给出 7 个（或少于 7 个）参数和方差，若还要标明基于哪些站附加的最小约束，则在解算和约束模块中相应站参数的约束码上标以"1"。第三种是以法方程形式给出的解集。

在 SINEX 文件提供先验约束信息，应按式(3-33)移除先验约束，得到无约束解：

$$(D_s^{\mathrm{unc}})^{-1} = (D_s^{\mathrm{est}})^{-1} - (D_s^{\mathrm{apr}})^{-1} \tag{3-33}$$

式中，D_s^{unc} 为无约束解的协方差矩阵，D_s^{est} 为 SINEX 文件中的参数估值协方差矩阵，D_s^{apr} 为 SINEX 文件中的参数先验协方差矩阵。

3.4.3 基准实现实验与分析

实验采用网站 http://garner.uesd.edu/pub/combination 提供全球定位系统网，数据格式为 SINEX 格式，解的约束方式为可消去约束解。首先利用 SINEX 文件中的信息消去先验约束，恢复无约束的法方程，然后分别将不同的约束条件引入法方程来实现平差基准，基准坐标采用 ITRF2014 框架，实验方案如下：

方案一：重心基准平差，其相关值取值如下：

$$G^{\mathrm{T}} = \frac{1}{\sqrt{n}}[1 \quad \cdots \quad 1], \quad P_x = I \tag{3-34}$$

方案二：强约束平差，其相关值取值如下：

$$P_{x_0} = \begin{bmatrix} \ddots & & & \\ & 10^6 & & \\ & & \ddots & \\ & & & 10^6 \\ & & & & \ddots \end{bmatrix} \quad (3-35)$$

方案三：松弛约束平差，其相关值取值如下：

$$P_{x_0} = \begin{bmatrix} \ddots & & & \\ & 10^{-6} & & \\ & & \ddots & \\ & & & 10^{-6} \\ & & & & \ddots \end{bmatrix} \quad (3-36)$$

方案四：最小约束平差，系统参数的协方差取值如下：

$$Q = 10^{-2} \mathrm{diag}(\sigma_t^2 \ \sigma_t^2 \ \sigma_t^2 \ \sigma_d^2 \ \sigma_r^2 \ \sigma_r^2 \ \sigma_r^2) \quad (3-37)$$

式中：$\sigma_t^2 = 1\mathrm{mm}$，$\sigma_d^2 = 1\mathrm{mm/R}$，$\sigma_r^2 = 1\mathrm{mrad} \cdot 1\mathrm{m/R}$，$R = 6378\mathrm{km}$。

将上面方案计算得到的结果分别与先验基准做差，其差值见图3-8~图3-10，分别表示在 X、Y 和 Z 三个方向的坐标差分布。从图3-8可以看出最小约束坐标差数值基本小于2mm，其他三种方法差异分布普遍偏大，主要分布在2~8mm。从图3-9中可以看出，尽管最小约束整体还是偏小，但是也有离散点的差异值比较大，数值超过其他三种方法，其他三种方法数值依然偏大。从图3-10中可以看出，强约束有断裂现象，这说明强约束还是需要进行合理配置以改进其算法。

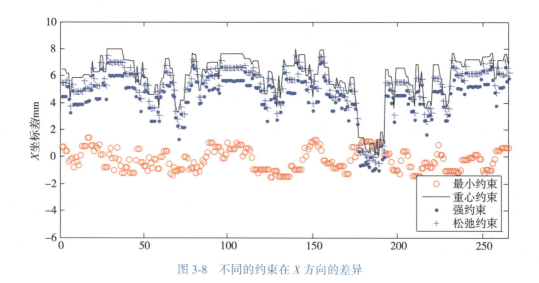

图3-8 不同的约束在 X 方向的差异

图3-10为在不同的基准条件下，在 X、Y、Z 方向上与国际地球参考框架的差值

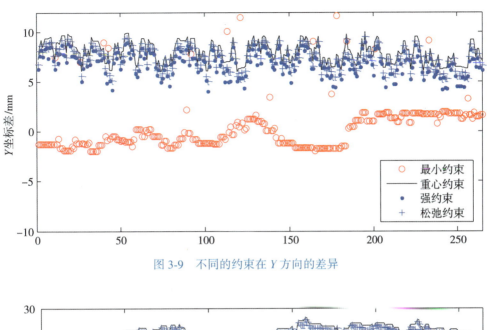

图 3-9 不同的约束在 Y 方向的差异

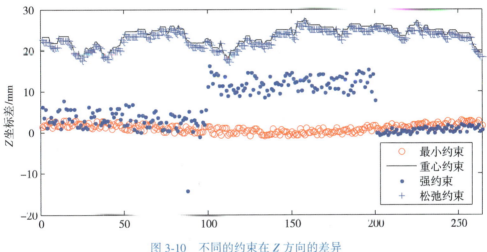

图 3-10 不同的约束在 Z 方向的差异

图。重心基准约束和松弛约束结果基本一致,未造成全球定位系统网大的形变,但无法使全球定位系统固定在参考基准上面,重心基准约束和松弛约束在三个方向上的差值均比强约束和最小约束的大。图中显示强约束使得全球定位系统固定在了参考基准上,但会造成全球定位系统网大的形变。而最小约束既确定全球定位系统网的基准,又保持网的最佳形状。

3.4.4 综合数据处理函数模型

当前地球参考框架的实现,主要有两种方式:一是单种技术时间序列解的综合处理;二是多种技术长期解的综合处理;有研究组采用数据融合算法作为国际地球自转服务的短期实现，不考虑速度。在数据处理层面，两种方式的平差原理是一致的，即多组子解经过联合平差得到一组融合解，所谓的子解在第一种方式中是时间序列；在第二种方式中是单种技术的长期解，即由第一种方式提供的融合解。

同时估计测站坐标、地球自转参数和 Helmert 参数的数学模型如下：

$$\begin{pmatrix} x_s^i \\ y_s^i \\ z_s^i \end{pmatrix} = \begin{pmatrix} x^i \\ y^i \\ z^i \end{pmatrix} + T_k + D_k \begin{pmatrix} x^i \\ y^i \\ z^i \end{pmatrix} + R_k \begin{pmatrix} x^i \\ y^i \\ z^i \end{pmatrix} \tag{3-38}$$

$$\begin{aligned} x_s^p &= x_c^p + R_{2k} \\ y_s^p &= y_c^p + R_{1k} \\ \mathrm{UT}_s &= \mathrm{UT}_c - \frac{1}{f} R_{3k} \\ \dot{x}_s^p &= \dot{x}_c^p + \dot{R}_{2k} \\ \dot{y}_s^p &= \dot{y}_c^p + \dot{R}_{1k} \\ \mathrm{LOD}_s &= \mathrm{LOD}_c + \frac{\Lambda_0}{f} \dot{R}_{3k} \end{aligned} \tag{3-39}$$

其中，$T = (T_x, T_y, T_z)$，$R = \begin{pmatrix} 0 & -R_3 & R_2 \\ R_3 & 0 & -R_1 \\ -R_2 & R_1 & 0 \end{pmatrix}$，$y = 365.25$，$f = 1.002737909350795$。

线性化：

$$\begin{aligned} x^i &= x_0^i + \delta x^i (y^i, z^i) \\ x^p &= x_0^p + \delta x^p (y^p, \dot{x}^p, \dot{y}^p, \mathrm{UT}, \mathrm{LOD}) \\ T_{1k} &= T_{1k}^0 + \delta T_{1k}(T_{2k}, \cdots, R_{3k}) \end{aligned} \tag{3-40}$$

观测方程：

$$\begin{pmatrix} A_{1s} & A_{2s} \end{pmatrix} \begin{pmatrix} \delta X_s \\ \delta T_k \end{pmatrix} + B_s = V_s \tag{3-41}$$

法方程：

$$\begin{pmatrix} A_{1s}^\mathrm{T} P_s A_{1s} & A_{1s}^\mathrm{T} P_s A_{2s} \\ A_{2s}^\mathrm{T} P_s A_{1s} & A_{2s}^\mathrm{T} P_s A_{2s} \end{pmatrix} \begin{pmatrix} \delta X_s \\ \delta T_k \end{pmatrix} = \begin{pmatrix} A_{1s}^\mathrm{T} P_s B_s \\ A_{2s}^\mathrm{T} P_s B_s \end{pmatrix} \tag{3-42}$$

其中，A_{1s}、A_{2s} 为设计矩阵：

$$A_s^i = \begin{bmatrix} 1 & 0 & 0 & x_0^i & 0 & z_0^i & -y_0^i \\ 0 & 1 & 0 & y_0^i & -z_0^i & 0 & x_0^i \\ 0 & 1 & z_0^i & y_0^i & -x_0^i & 0 \end{bmatrix} \tag{3-43}$$

$$A_s^p = \begin{bmatrix} 0 & 0 & 0 & 0 & 0 & 1000 & 0 \\ 0 & 0 & 0 & 0 & 1000 & 0 & 0 \\ 0 & 0 & 0 & 0 & 0 & 0 & -\dfrac{1}{f} \times \dfrac{1000}{15} \end{bmatrix} \qquad (3\text{-}44)$$

$$A_{1s} = \begin{pmatrix} 1 & 0 & 0 & \cdots \\ 0 & 1 & 0 & \cdots \\ 0 & 0 & 1 & \cdots \\ \cdots & \cdots & \cdots & \cdots \end{pmatrix} \qquad (3\text{-}45)$$

$$A_{2s} = \begin{pmatrix} \cdot \\ A_s^i \\ \vdots \\ A_s^p \\ \cdot \end{pmatrix} \qquad (3\text{-}46)$$

法方程矩阵：

$$N = \begin{pmatrix} \sum_{s \in S} A_{1s}^{\mathrm{T}} P_s A_{1s} & \sum_{s \in s_1} A_{1s}^{\mathrm{T}} P_s A_{2s} & \cdots & \cdots & \sum_{s \in s_k} A_{1s}^{\mathrm{T}} P_s A_{2s} \\ \sum_{s \in s_1} A_{2s}^{\mathrm{T}} P_s A_{1s} & \sum_{s \in s_1} A_{2s}^{\mathrm{T}} P_s A_{2s} & 0 & \cdots & 0 \\ \vdots & 0 & \ddots & \ddots & \vdots \\ \vdots & \vdots & \ddots & \ddots & 0 \\ \sum_{s \in s_k} A_{2s}^{\mathrm{T}} P_s A_{1s} & 0 & \cdots & 0 & \sum_{s \in s_k} A_{2s}^{\mathrm{T}} P_s A_{2s} \end{pmatrix} \qquad (3\text{-}47)$$

常数项：

$$b = \begin{pmatrix} \sum_{s \in S} A_{1s}^{\mathrm{T}} P_s B_s \\ \sum_{s \in s_1} A_{2s}^{\mathrm{T}} P_s B_s \\ \vdots \\ \sum_{s \in s_K} A_{2s}^{\mathrm{T}} P_s B_s \end{pmatrix} \qquad (3\text{-}48)$$

3.4.5　方差分量估计及最佳权匹配

通过输入各解的先验单位权方差因子，经过 Helmert 方差分量估计和经验加权相结合的方法，调节各个解的权重以期获得统计学满意的组合解。不同空间大地测量技术得到的测站坐标联合处理时，每种技术的方差因子通过方差分量估计迭代计算，方差因子按下式计算：

$$\sigma_s^2 = \frac{v_s^T P_s v_s}{f_s} \tag{3-49}$$

式中，解 s 的坐标拟合后的残差向量以 v_s 表示，f_s 是最小二乘法平差中方差因子估计产生的冗余因子，定义如下：

$$f_s = 6n_s - \mathrm{tr}(A_s v A_s^T P_s) \tag{3-50}$$

式中，n_s 为解 s 的数量，v 为整个联合处理解的法方程的逆矩阵，A_s 为解 s 的偏导数的设计矩阵，P_s 为解 s 的权矩阵。

对于全球定位系统、激光测卫、多普勒卫星精密定轨系统、甚长基线干涉测量各技术权的确定可以用验前验后相结合的方法，先验方差因子通常来源于技术内组合，数值上一般接近各技术求得的参数中最大验后标准差，先验权通过 SINEX 文件中的参数最大标准差（如表 3-4 所示）来确定全球定位系统（GPS）、激光测卫（SLR）、多普勒卫星精密定轨系统（DORIS）、甚长基线干涉测量（VLBI）的先验权（如表 3-5 所示）。

表 3-4　　各技术 SINEX 文件参数最大标准差（单位：m）

技术	σ_X	σ_Y	σ_Z
GPS	0.0079	0.0375	0.0237
SLR	0.1093	0.1870	0.1195
DORIS	0.6707	0.2859	0.6091
VLBI	0.0018	0.0039	0.0036

表 3-5　　各技术先验方差因子和权

技术	先验方差因子
GPS	0.0020
SLR	0.0612
DORIS	0.9030

$-\dfrac{1}{f} \times \dfrac{1000}{15}$ 为先验单位权方差因子，经过 Helmert 方差分量估计和经验加权相结合的方法，调节各个解的权重以期获得统计学满意的组合解。方差因子按下式计算：

$$\sigma_s^2 = \frac{v_s^T P_s v_s}{f_s} \tag{3-51}$$

式中，f_s 是最小二乘法平差中方差因子估计产生的冗余因子，定义如下：

$$f_s = 6n_s - \mathrm{tr}(A_s v A_s^T P_s) \tag{3-52}$$

式中，n_s 为解 s 的数量，v 为整个联合处理解的法方程的逆矩阵，A_s 为解 s 的偏导数的设计矩阵，P_s 为解 s 的权矩阵。经过 4 次迭代后，单位权方差之比接近 1∶1∶1∶1。

3.4.6 框架综合数据处理结果分析

1. 综合框架坐标基准分析

选用全球定位系统 1565 周的数据进行处理,各技术站的分布情况为:全球定位系统 362 个站,激光测卫 16 个站,多普勒卫星精密定轨系统 47 个站,甚长基线干涉测量 7 个站。选用综合解坐标各分量与 ITRF2014 差值在各个区间上所占的比例。结果表明,没有进行站点的筛选,全部站参与综合,2cm 以内 X 方向只占比 53%,Y 方向占比 40%,Z 方向占比 50%。有 6%~8% 的站点平差后坐标大于 10cm。说明站点精度的不均衡,后续还需要进行站点的精度分析和筛选。

为了分析基准约束的可靠性,将各技术与综合框架的 Helmert 转化参数列于表 3-6。从表中可以看出,激光测卫作为综合框架原点约束,与综合框架的平移参数为零,说明综合框架的原点与激光测卫空间大地测量技术实现的原点一致。尺度和旋转参数都是以甚长基线干涉测量技术为综合框架约束基准,从表中可以看出实现的综合框架与甚长基线干涉测量尺度和旋转参数接近于 0,说明综合框架基准定义是正确的。基准实现后还需要分析综合后不同技术站坐标与 ITRF2014 框架的差异,为后续基准站筛选做准备。

表 3-6   **Helmert 转化参数**

	Tx/m	Ty/m	Tz/m	D	Rx	Ry	Rz
GPS	0.0386	0.0199	0.0029	0.0001	0.0001	−0.0007	−0.0001
SLR	0.0000	0.0000	0.0000	0.0002	0.0008	0.0016	0.0008
DORIS	0.0316	0.0064	0.0123	0.0010	−0.0004	0.0001	−0.0074
VLBI	−0.1243	0.0400	−0.0128	0.0000	0.0001	0.0000	−0.0001

本例中用于综合的并置站的情况如表 3-7 所示:

表 3-7   **并置站的情况统计**

GPS-DORIS	21
GPS-SLR	12
GPS-VLBI	5
SLR-VLBI	2
SLR-DORIS	3

经试验分析,甚长基线干涉测量的精度最高,其次是激光测卫技术,全球定位系统和多普勒卫星精密定轨系统大致相当。

2. 不同周期组合框架解算的测站坐标结果分析

将全球卫星导航定位、激光测卫、甚长基线干涉测量各单技术内组合的法方程系统经过技术间组合叠加，在叠加后的统一法方程系统中引入并置站局部连接作为约束条件，将各技术通过并置站约束组合起来解算测站坐标。图3-11~图3-13分别为卫星导航定位、激光测卫、甚长基线干涉测量技术间组合解算一周解各技术站点坐标与ITRF2014标准坐标残差值，从这些图中可以看出，组合解坐标残差分布主要在2cm以内，卫星导航定位的Z方向有些点残差数值偏大，甚至达到5cm。

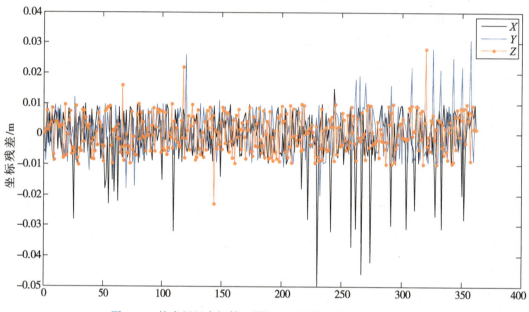

图3-11 技术间组合解算一周解卫星导航定位站点坐标残差

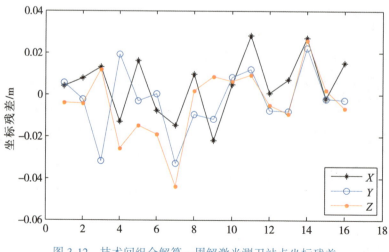

图3-12 技术间组合解算一周解激光测卫站点坐标残差

3.4 地球参考框架

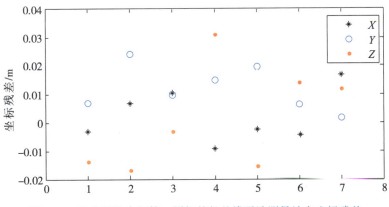

图 3-13 技术间综合解算一周解甚长基线干涉测量站点坐标残差

表 3-8 和表 3-9 为技术间组合一周解和一月解的各技术测站坐标残差值区间占比。从表中可以看出，和各单技术内组合解算测站坐标残差相比，全球卫星导航定位测站坐标残差值区间占比精度提升不明显，这是因为全球卫星导航定位技术相比其他空间大地测量技术，本身精度已经很高，所以在融合参考框架中精度提高不明显，而对比融合解和激光测卫、甚长基线干涉测量单技术解来看，测站坐标残差在 0.02m 以内占比有很大提升，精度达到 0.01m 之内（即毫米级）占比提升也非常明显，这是因为相比全球卫星导航定位技术，激光测卫和甚长基线干涉测量技术本身因为观测条件、测站数目相对较少且分布不均匀带来的精度低的问题，在经过和全球卫星导航定位技术通过并置站局部连接，建立融合参考框架解算测站坐标后使得精度有较为明显的提升。

表 3-8　　技术间组合一周解的测站坐标残差值区间占比

残差绝对值	GPS			SLR			VLBI		
	X	Y	Z	X	Y	Z	X	Y	Z
>0.02m	7%	5%	2%	15%	21%	15%	12%	6%	12%
0.01~0.02m	5%	4%	6%	25%	15%	21%	18%	12%	18%
<0.01m	88%	91%	92%	60%	64%	64%	70%	82%	70%

表 3-9　　技术间组合一月解的测站坐标残差值区间占比

残差绝对值	GPS			SLR			VLBI		
	X	Y	Z	X	Y	Z	X	Y	Z
>0.02m	5%	4%	2%	13%	30%	21%	7%	14%	7%
0.01~0.02m	8%	7%	6%	21%	8%	21%	21%	14%	13%
<0.01m	87%	89%	92%	64%	62%	58%	72%	72%	79%

3. 多源数据融合月解解算结果

实验下载并整理了 2018 年 1 月到 2019 年 6 月的全球卫星导航定位数据处理生成的标准格式 SINEX、激光测卫、甚长基线干涉测量的数据月解文件；处理生成月解文件，以 2018 年部分月解为例，展示实验分析了全球卫星导航定位、激光测卫、甚长基线干涉测量多源数据融合解算残差，对比情况如图 3-14 ~ 图 3-16 所示。对比各技术处理生成的残差文件，可以发现全球定位系统技术在 X、Y、Z 的残差大部分都小于 5mm，有的方向上的个别残差值超过 3cm，例如图 3-14 中 Z 方向上有数值达到 4.5cm。

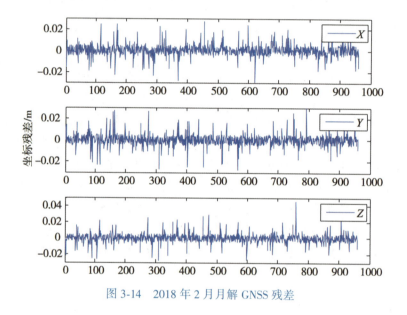

图 3-14 2018 年 2 月月解 GNSS 残差

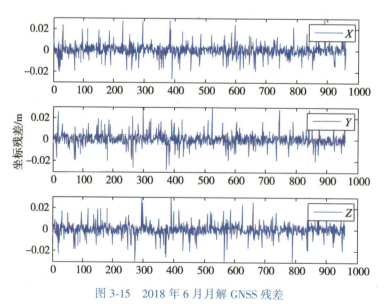

图 3-15 2018 年 6 月月解 GNSS 残差

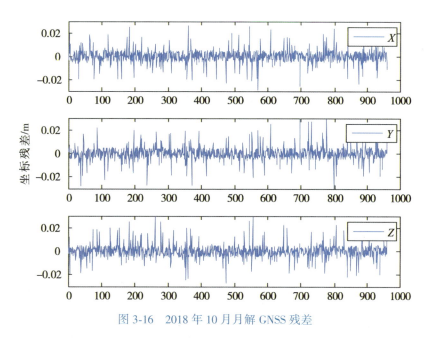

图 3-16　2018 年 10 月月解 GNSS 残差

2020 年 1 月到 2020 年 6 月的实验分析了全球卫星导航定位、激光测卫、甚长基线干涉测量多源数据融合解算残差，对比情况如图 3-17～图 3-22 所示。对比各技术处理生成的残差数据，可以发现全球定位系统技术在 X、Y、Z 方向上的残差大部分都小于 5mm，最大值也仅为 2.5cm。

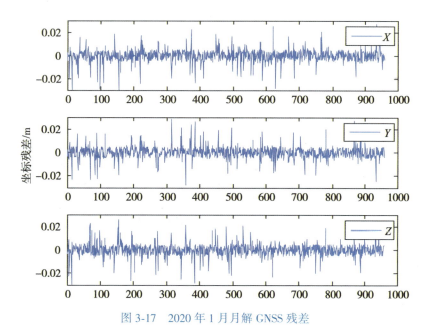

图 3-17　2020 年 1 月月解 GNSS 残差

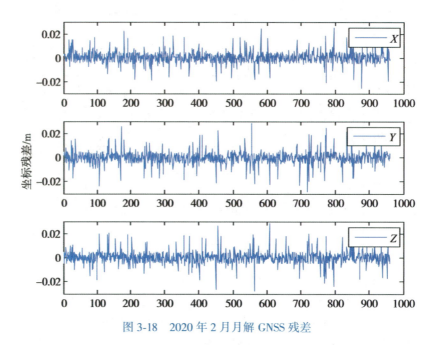

图 3-18　2020 年 2 月月解 GNSS 残差

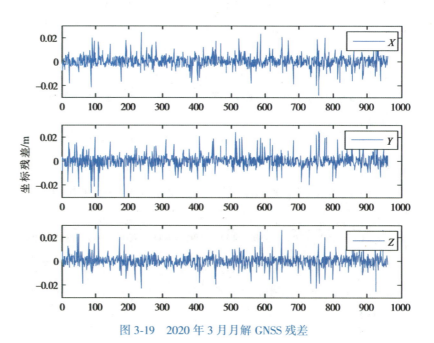

图 3-19　2020 年 3 月月解 GNSS 残差

3.4 地球参考框架

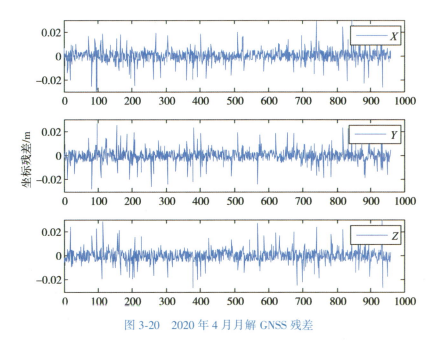

图 3-20 2020 年 4 月月解 GNSS 残差

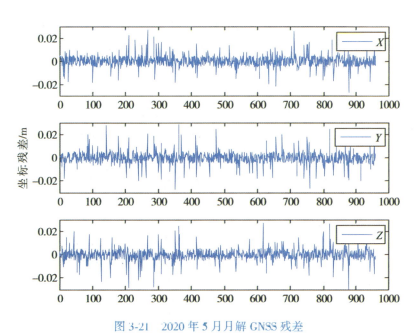

图 3-21 2020 年 5 月月解 GNSS 残差

3.4.7 多技术地球自转参数综合估计

GNSS 解算地球自转参数：GNSS 测定地球自转参数服务目前主要采用全球定位系统技术，本质上是测量全球定位系统接收机到全球定位系统卫星的距离，采用卫星动力

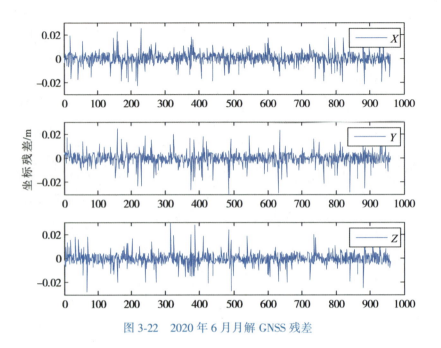

图 3-22　2020 年 6 月月解 GNSS 残差

学测地方法，卫星轨道、测站坐标（包括速度）、地球自转参数以及其他有关的参数同时解算。在地球自转参数的监测中，全球定位系统技术可提供准实时的快速服务和地球自转参数的高频变化监测。与激光测卫技术相比，全球定位系统的弱点是激光卫星完全是被动反射地面的激光信号，卫星上激光反射镜到卫星质心的距离是一个确定值；而全球定位系统所有信号由卫星钟控制、卫星天线发射，能量来自太阳翼板，卫星钟差、太阳能翼板定向偏差，特别是卫星天线相位中心的不确定性使其测量结果产生一定程度的复杂性。另一个弱点是，全球定位系统卫星是高轨卫星，它对地球质心的运动和一些地球物理参数的监测没有激光测卫卫星那么敏感。这使全球定位系统测定地球自转参数的长期稳定性较差，影响地球自转参数预报。基于密集测站网络的连续观测，全球定位系统有能力给出目前最为精确的极移参数。

全球定位系统估计地球自转参数时，将全球定位系统载波相位观测值表示为待估参数的函数模型，其中待估参数为初始时刻的轨道根数和摄动参数、测站坐标、相位模糊度、地球自转参数、大气延迟等。

$$L = M(t, X_{\text{SP}}, X_T, X_N, X_{\text{erp}}, X_{\text{atm}}) + \varepsilon \tag{3-53}$$

式中，M 表示观测量与参数的函数模型，t 为时间，X_{SP} 为初始时刻的轨道根数和摄动参数（辐射压模型参数），X_T 为测站坐标，X_N 为相位模糊度，X_{erp} 为地球自转参数，X_{atm} 为大气延迟，ε 为观测噪声。

将上式进行线性化得：

$$L = C_0 + \frac{\partial M}{\partial M_{\text{SP}}}\delta M_{\text{SP}} + \frac{\partial M}{\partial M_T}\delta M_T + \frac{\partial M}{\partial M_N}\delta M_N + \frac{\partial M}{\partial M_{\text{erp}}}\delta M_{\text{erp}} + \frac{\partial M}{\partial M_{\text{atm}}}\delta M_{\text{atm}} + \varepsilon \tag{3-54}$$

式中，C_0 表示由近似参数计算出来的理论观测值。则极移在 X、Y 方向上的分量分别为：

$$\frac{\partial R_1}{\partial x_P} = PNS \frac{\partial W}{\partial x_P} R_T(t) = PNS \begin{bmatrix} -z \\ 0 \\ x \end{bmatrix} \quad (3\text{-}55)$$

$$\frac{\partial R_1}{\partial y_P} = PNS \frac{\partial W}{\partial y_P} R_T(t) = PNS \begin{bmatrix} -x_P y \\ x_P x + z \\ -y \end{bmatrix} \quad (3\text{-}56)$$

式中，R_1 为测站在惯性坐标系中的位置矢量，R_T 为测站在地固坐标系中的矢量位置，P 为岁差转换矩阵，N 为章动转换矩阵，S 为地球自转转换参数，W 为极移转换矩阵，x_P、y_P 为极移在 X、Y 方向上的分量，D_R 为 UT1-TAI 的一阶变化率，$\dot{D}_R$ 表示 UT1-TAI 的二阶变化率，则：

$$\frac{\partial R_1}{\partial D_R} = \frac{\partial R_1}{\partial \theta_g} \frac{\partial \theta_g}{\partial D_R} \quad (3\text{-}57)$$

$$\frac{\partial R_1}{\partial \theta_g} = PN \frac{\partial S}{\partial \theta_g} W^1 = PN\dot{S}W \begin{bmatrix} -y - y_P z \\ x - x_P z \\ y_P x + x_P y \end{bmatrix} \quad (3\text{-}58)$$

$$\frac{\partial \theta_g}{\partial D_R} = 2\pi(1+k) \frac{\partial UT1}{\partial D_R} = 2\pi(1+k)(t-t_0) \quad (3\text{-}59)$$

$$\frac{\partial R_1}{\partial \dot{D}_R} = \frac{\partial R_1}{\partial D_R}(t-t_0) \quad (3\text{-}60)$$

$$\theta_g = \text{GAST} = 2\pi[\text{GMST}(UT0) + (1+k)UT1] + \Delta\varphi\cos\varepsilon \quad (3\text{-}61)$$

式中，θ_g 为格林尼治视恒星时，GAST 为格林尼治恒星时，GMST 表示格林尼治平恒星时，$\Delta\varphi$ 是黄经章动，ε 为黄赤交角，用于解算的站坐标和卫星轨道参数来自 IGS。通过以上过程计算可得地球自转参数。

甚长基线干涉测量解算地球自转参数。甚长基线干涉测量技术是 20 世纪 60 年代末发展的一种空间大地测量技术，它通过测定来自河外射电源的信号在两个接收天线之间的传播延时来确定地面点间的相对位置。甚长基线干涉测量技术的数据处理方式用的是几何方法，观测对象是极为稳定的河外射电源，因其测站上装备了具有高稳定性的氢原子钟，由此保证了甚长基线干涉测量技术在三大空间大地测量技术（GNSS、激光测卫、甚长基线干涉测量）中对地球自转参数的确定上精度最为稳定、观测最为全面。甚长基线干涉测量技术还有一个其他空间大地测量技术所不具备的优点：甚长基线干涉测量观测的是河外射电源，因此可建立一个以河外射电源为参考点的天球参考框架，可以与甚长基线干涉测量地球参考框架很好地联系起来，这也使甚长基线干涉测量技术成为唯一能够测定日长分量、完整测定地球自转参数的空间测量技术，另外两大空间测量技术只能测定极移分量和日长分量。

设甚长基线干涉测量的基本观测方程为：

$$\tau_j = \frac{1}{c} B_j \cdot R_Z(-\theta_j) R_Y(\xi_j) R_X(\eta_j) \cdot S_K + \Delta\tau_j + \Delta C_0 i + \Delta C_1 i(t_j - t_0) \tag{3-62}$$

其中，$R_Z(-\theta_j)$、$R_Y(\xi_j)$、$R_X(\eta_j)$ 为自转矩阵和极移矩阵；t_0 为起始观测历元，t_j 为观测历元，B_j 为准惯性坐标系中的基线矢量，S_K 为观测源方向，$\Delta C_0 i$ 为钟差，$\Delta\tau_j$ 为延迟改正，$\Delta C_1 i$ 为钟速，c 为光速。

当解算地球自转参数时，将射电源位置和基线坐标等参数设为已知值，可得误差方程为：

$$V_j = A \cdot d_X + e_j \tag{3-63}$$

式中，A 为改正数的偏导系数矩阵，d_X 为地球自转参数改正数，e_j 为方程常数项。经最小二乘理论可得地球自转参数值。

在确定地球参考框架方面，甚长基线干涉测量因为其观测数据和数据处理的方法均与地球质心无关，所以无法确定地球质心位置，另外，甚长基线干涉测量的观测数据和数据处理方法基本上与地球引力场无关，其尺度因子主要取决于光速 c，这使得它在地球参考框架的建立和维持中，至关重要的尺度因子的长期稳定度优于其他技术。甚长基线干涉测量技术的一个非常明显的缺点是技术设备造价昂贵，在全球范围内观测测站数量很少，且分布非常不均匀，大部分集中在北半球。

激光测卫解算地球自转参数：它的原理是通过精确测定激光脉冲从地面测站到卫星反射器的往返时间间隔（距离），从而确定卫星的轨道参数、地球自转参数、测站坐标和运动速度等。激光测卫观测精度高，误差改正明确，对卫星钟和接收机钟差等因素不敏感。激光测卫的数据处理方法通常是一种动力学测地的方法，卫星的轨道参数、测站的坐标（包括速度）和地球自转参数是同时解算的。激光测卫对于建立地球参考框架的最重要的贡献就在于对其原点和尺度的定义。激光测卫也是监测地心运动的有效手段。

利用 Lageos1 卫星的激光测卫观测资料解算地球自转参数时的数学模型为：

$$\begin{aligned}
X_P(t) &= X_P(t_0) + \dot{X}_P(t - t_0) + (X_{P_{1P}} + X_{P_{1R}})\cos\theta_g \\
&\quad + (Y_{P_{1P}} + Y_{P_{1R}})\sin\theta_g + (X_{P_{2P}} + X_{P_{2R}})\cos2\theta_g \\
&\quad + (Y_{P_{2P}} + Y_{P_{2R}})\sin2\theta_g \\
Y_P(t) &= Y_P(t_0) + \dot{Y}_P(t - t_0) + (-X_{P_{1P}} + X_{P_{1R}})\cos\theta_g \\
&\quad + (Y_{P_{1P}} + Y_{P_{1R}})\sin\theta_g + (-X_{P_{2P}} + X_{P_{2R}})\cos2\theta_g \\
&\quad + (Y_{P_{2P}} + Y_{P_{2R}})\sin2\theta_g \\
(\text{UT1} - \text{UTC})_t &= (\text{UT1}R - \text{TAI})_{t_0} + D_R(t - t_0) + D_{U1C}\cos\theta_g \\
&\quad + D_{U1S}\sin\theta_g + D_{U2C}\cos2\theta_g + D_{U2S}\sin2\theta_g
\end{aligned} \tag{3-64}$$

式中，$\dot{X}_P$，$\dot{Y}_P$，D_R 分别为极移分量 X_P、Y_P、UT1 的长期变化，1P 和 2P 分别表示极移周日和半周日顺行波，1R 和 2R 分别表示周日和半周日逆行波。D_{U1C} 和 D_{U1S} 为 ΔUT1R 的周日分量的系数，D_{U2C} 和 D_{U2S} 为 ΔUT1R 的半周日分量的系数，θ_g 是格林尼治恒星时。

技术组合实现地球定向参数估计：在 GNSS、激光测卫、甚长基线干涉测量各技术确定地球自转参数的理论算法，以及综合参考框架的实现算法基础上，使用基于 SINEX 解的空间大地测量数据融合法方程叠加进行处理，实现各技术内的组合以及技术间的组合。

以各技术 SINEX 文件提供的相关测站坐标、地球自转参数信息作为输入数据，全球定位系统、激光测卫、甚长基线干涉测量技术内组合的算法与流程基本相同，区别在于甚长基线干涉测量技术由 SINEX 文件直接提供无约束的法方程，不需要求逆运算；读取地球自转参数时，UT 参数只由甚长基线干涉测量技术提供。单技术内附带地球自转参数的组合流程为：

(1) 分别读取各技术的 SINEX 数据。从各技术的 SINEX 文件中读取的主要信息有观测测站名称、坐标估值、地球自转参数估计值、先验坐标、先验地球自转参数、估值协方差、先验协方差等。

(2) 恢复法方程，除甚长基线干涉测量数据外，对读取的协方差进行求逆，去除先验约束。从 SINEX 文件中读取的参数估值中，除了测站坐标估值和地球自转参数估计值，还有 3 个地心坐标(XGC、YGC、ZGC)和 1 个尺度参数(SIBAS)，已在程序中去掉了这 4 个不需要的参数估值，在协方差中也对相应部分进行了参数消除。

(3) 对各技术的每个法方程系统引入 Helmert 参数，将 Helmert 参数同测站坐标和地球自转参数一同估计解算。由于各技术输入的周解(月解)文件中不包含测站的三维坐标，所以此次试验中不考虑速度项，对数学模型中相应的转换参数速度项也进行了消除，对设计矩阵 A_{2S} 也进行相应的调整。

(4) 进行法方程叠加，分别生成历元间隔为周、月的法方程。将三种技术同一历元的法方程叠加到同一个大型法方程系统中，不加入并置站局部连接而是 GNSS、激光测卫、甚长基线干涉测量各技术单技术内组合解算。

(5) 对法方程引入最小约束，将单技术解约束到 ITRF2014 框架下。确定各单技术中核心站在协方差阵中的位置，引入最小约束，将单技术解约束到 ITRF2014 框架下。需要注意的是，在各技术协方差阵引入最小约束时，对 GNSS 技术的平移、尺度、旋转参数都进行约束；对激光测卫技术因为其对地球质心敏感，所以不对平移和尺度参数进行约束，只对旋转参数进行约束；对甚长基线干涉测量技术因其在尺度上的优势，所以对于尺度参数不进行约束，对平移参数和旋转参数进行约束。

(6) 法方程解算，生成 SINEX 格式解文件。

解算历元参考框架下地球自转参数需要的实验数据来自国际 IGS、ILRS、IVS 等分析中心提供的 GNSS、激光测卫、甚长基线干涉测量的 SINEX 格式数据。本次实验数据为 2016 年全年，全球定位系统周为 1878~1929 的观测数据，基准框架为 ITRF2014 框架。

将 GNSS、甚长基线干涉测量、激光测卫多技术利用 SINEX 文件在法方程层面进行联合解算，同时解算地球自转参数、测站坐标和转换参数。解算的整体流程见图 3-23：

使用的数据类型、周解、月解测站情况见表 3-10，在时间分辨率上，甚长基线干涉测量以测段日为基准。各技术的测站数量见表 3-11，卫星导航定位的测站数量最多，主要是因为卫星导航定位测站成本较小，这也是卫星导航定位在空间大地测量中占据主导

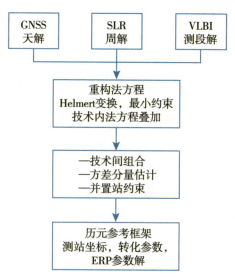

图 3-23　同步解算站坐标和极移的流程

位置的原因。

表 3-10　　　　　　　　　　空间大地测量技术数据说明

技术	机构来源	解类型	解约束类型	时间分辨率
GNSS	IGS	协方差	最小约束	周
SLR	ILRS	协方差	松约束	周
VLBI	IVS	自由的法方程	无约束	测段日

表 3-11　　　　　　　各技术一周解、两周解、一月解中测站数目

技术	一周解	两周解	一月解
GNSS	415	424	440
SLR	10	16	25
VLBI	10	16	29

根据多技术融合参考框架解算地球自转参数的算法流程，利用单技术内综合解作为输入值进行技术间的组合，引入并置站局部连接约束实现多技术综合解算，解算 2016 年全年数据，利用 GAMIT/GLOBK 网平差解算共获得 GNSS、激光测卫、甚长基线干涉测量各 52 个周解以及 12 个月解 SINEX 格式文件，将这些周解及月解文件作为输入值，编程实现多源技术融合参考框架，综合各技术解算地球自转参数及测站坐标，并与 IERSC04 以及 ITRF2014 标准值进行比对分析。

通过技术内组合程序解算获得技术内组合地球自转参数值（包括极移 X 方向分量、

极移 Y 方向分量，日长（LOD）分量和 UT1−UTC 分量）与 IERSC04 时间序列的地球自转参数残差。各技术确定的地球自转参数的残差分布情况见图 3-24~图 3-28。图 3-24 和图 3-25 为单技术内组合一周解的地球自转参数 X 和 Y 方向上的分量，单位为毫角秒，对应距离约为 3cm，图 3-26 为单技术内组合一周解的地球自转参数日长分量残差值。从这三个解算图中可以看出，卫星导航定位和激光测卫解算结果相对集中，甚长基线干涉测量结果离散性最大。

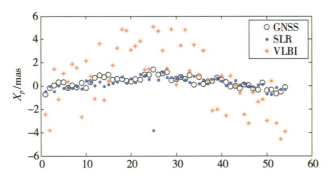

图 3-24 单技术内组合一周解的地球自转参数极移 X 分量残差值

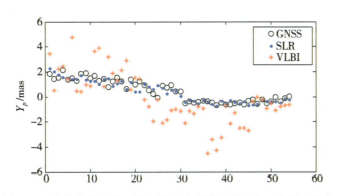

图 3-25 单技术内组合一周解的地球自转参数极移 Y 分量残差值

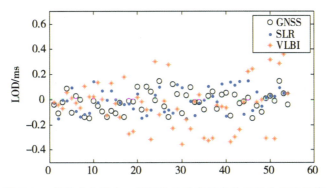

图 3-26 单技术内组合一周解的地球自转参数日长分量残差值

图 3-27 和图 3-28 为全球卫星导航定位、激光测卫、甚长基线干涉测量技术间组合一周解的地球自转参数极移 X、Y 分量与 IERSC04 序列值的残差值，表 3-12 为卫星导航定位、激光测卫、甚长基线干涉测量技术间组合一周解的地球自转参数极移分量残差值的各区间占比，从解算结果可以看出，与单技术内组合的解算结果相比，经过多源技术间组合解算的极移残差与各自单技术相比，卫星导航定位技术在经过技术间组合后给出的极移分量残差精度提高不明显，这是因为卫星导航定位技术本身在测定极移方面的精度就很高，在与测定极移能力相对较低的激光测卫和甚长基线干涉测量技术进行组合解算时，会拉低卫星导航定位技术在这方面的精度；而激光测卫技术和甚长基线干涉测量技术在经过技术间组合解算极移后，极移残差绝对值在低于 2mas 的占比提升较为明显，这说明进行技术间组合建立融合历元参考框架能够明显地提升激光测卫和甚长基线干涉测量技术在解算地球自转参数方面的精度和能力。

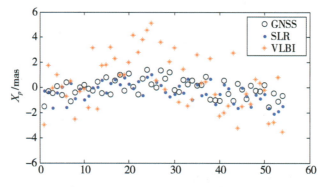

图 3-27　组合技术一周解的地球自转参数极移 X 分量残差值

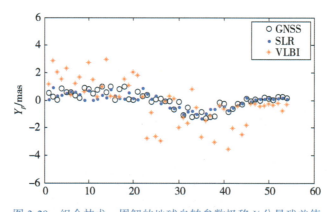

图 3-28　组合技术一周解的地球自转参数极移 Y 分量残差值

技术间组合一周解的地球自转参数极移分量残差值统计结果如表 3-12 所示，从表中可知，对技术内组合地球自转参数解与 IERSC04 时间序列进行对比分析：GNSS 和激光测卫单技术地球自转解残差大部分在 $-1\sim1$mas 之间，甚长基线干涉测量技术结果相对较差。日长分量 LOD 残差统计如表 3-13 所示，GNSS 和激光测卫技术绝大部分残差小于 0.1ms，甚长基线干涉测量技术大部分残差小于 0.2ms。

表 3-12　技术间组合一周解的地球自转参数极移分量残差值区间占比

残差绝对值	GNSS		SLR		VLBI	
	X_P	Y_P	X_P	Y_P	X_P	Y_P
>2mas	0	0	0	0	28%	40%
1~2mas	23%	19%	15%	17%	23%	17%
<1mas	77%	81%	85%	83%	49%	43%

表 3-13　单技术内组合一周解的 LOD 残差值区间占比

残差绝对值	GNSS	SLR	VLBI
>0.2ms	0	0	28%
0.1~0.2ms	4%	6%	13%
<0.1ms	96%	94%	59%

不同技术对地球定向参数贡献大小是不一样的。不是每种技术都能够测量全部的地球定向参数，如表 3-14 所示。不同技术测量的参数可能存在着系统性误差，因此，综合多种技术的地球定向参数解算结果，对各种技术取长补短很重要。由于甚长基线干涉测量设备价格昂贵，不利于在全球加密布网，目前甚长基线干涉测量观测测站大部分集中在北半球，造成地球表面覆盖不均匀。基于密集测站网络的连续观测，全球定位系统有能力给出目前最为精确的极移参数。

表 3-14　各种技术功能

	VLBI	SLR	GNSS	DORIS
岁差–章动	***	*	*	
世界时 UT1	***			
高频 UT1(LOD)	**	*	***	
极移	**	**	***	*

注：*表示贡献单元，或者单位权重。

多源数据融合理应更好地解算地球定向参数。有学者基于空间大地测量技术（甚长基线干涉测量、激光测卫、全球定位系统等）对地球定向参数融合解算算法进行推导，并实现了地球定向参数多源数据融合的程序。通过实验对各技术的地球定向参数解算进行对比分析。

三种卫星观测技术的输入文件中都提供了该技术的全球站坐标解和地球定向参数解，对于任一输入文件，即任意技术内综合周（日）解（对于卫星导航定位和激光测卫，该解为周解，对于甚长基线干涉测量为日解，时间间隔不等），我们提取到的主要已知信息可以表达成：

$$\boldsymbol{X}_s = (X_s, x_s^p, y_s^p, \mathrm{lod}_s, (\mathrm{UT1} - \mathrm{UTC})_s, \cdots) \tag{3-65}$$

式中，X_s 为该解中涉及的测站在 t_s 的坐标解，x_s^p、y_s^p、lod_s 和 $(\mathrm{UT1} - \mathrm{UTC})_s$ 分别是解算的极移 x 分量、y 分量、日长 LOD 以及世界时与协调世界时之差的时间序列。

对已知向量 $\boldsymbol{X}_s$ 和未知参数向量 $\boldsymbol{X}_c$ 之间建立参考框架转换模型，即为七参数变换模型，包括三个平移参数 (T_1, T_2, T_3)、三个旋转参数 (R_1, R_2, R_3) 和一个尺度参数 D。

组合模型为：

$$\begin{pmatrix} x_s^i \\ y_s^i \\ z_s^i \end{pmatrix} = \begin{pmatrix} x^i \\ y^i \\ z^i \end{pmatrix} + T_k + D_k \begin{pmatrix} x^i \\ y^i \\ z^i \end{pmatrix} + R_k \begin{pmatrix} x^i \\ y^i \\ z^i \end{pmatrix} \tag{3-66}$$

$$\begin{cases} x_s^p = x_c^p + R_{2k} \\ y_s^p = y_c^p + R_{1k} \\ \mathrm{UT}_s = \mathrm{UT}_c - \dfrac{1}{f} R_{3k} \\ \dot{x}_s^p = \dot{x}_c^p + \dot{R}_{2k} \\ \dot{y}_s^p = \dot{y}_c^p + \dot{R}_{1k} \\ \mathrm{LOD}_s = \mathrm{LOD}_c + \dfrac{\Lambda_0}{f} \dot{R}_{3k} \end{cases} \tag{3-67}$$

其中：

$$T = (T_x, T_y, T_z) \tag{3-68}$$

$$R = \begin{pmatrix} 0 & -R_3 & R_2 \\ R_3 & 0 & -R_1 \\ -R_2 & R_1 & 0 \end{pmatrix} \tag{3-69}$$

$y = 365.25$，$f = 1.002737909350795$。

观测方程为：

$$(A_{1s} \; A_{2s}) \begin{pmatrix} \delta X_s \\ \delta T_k \end{pmatrix} + B_s = V_s \tag{3-70}$$

其中

$$\delta X_s = (X^i \quad Y^i \quad Z^i \quad X^p \quad Y^p \quad \mathrm{LOD})^\mathrm{T} \tag{3-71}$$

$$\delta T_k = (T_1 \quad T_2 \quad T_3 \quad D \quad R_1 \quad R_2 \quad R_3)^\mathrm{T} \tag{3-72}$$

其中，A_1 为单位阵，

$$A_{1s} = \begin{pmatrix} 1 & 0 & 0 & \cdots \\ 0 & 1 & 0 & \cdots \\ 0 & 0 & 1 & \cdots \\ \cdots & \cdots & \cdots & \cdots \end{pmatrix} \tag{3-73}$$

$$A_{2s} = \begin{pmatrix} 1 & 0 & 0 & x^i & 0 & z^i & -y^i \\ 0 & 1 & 0 & y^i & -z^i & 0 & x^i \\ 0 & 0 & 1 & z^i & y^i & -x^i & 0 \\ 0 & 0 & 0 & 0 & 0 & 1 & 0 \\ 0 & 0 & 0 & 0 & -1 & 0 & 0 \\ 0 & 0 & 0 & 0 & 0 & 0 & -\dfrac{1}{f} \end{pmatrix} \tag{3-74}$$

法方程为：

$$\begin{pmatrix} A_{1s}^T P_s A_{1s} & A_{1s}^T P_s A_{2s} \\ A_{2s}^T P_s A_{1s} & A_{2s}^T P_s A_{2s} \end{pmatrix} \begin{pmatrix} \delta X_s \\ \delta T_k \end{pmatrix} + \begin{pmatrix} A_{1s}^T P_s B_s \\ A_{2s}^T P_s B_s \end{pmatrix} = 0 \tag{3-75}$$

法方程矩阵及常数项为：

$$N = \begin{pmatrix} \sum_{s \in S} A_{1s}^T P_s A_{1s} & \sum_{s \in s_1} A_{1s}^T P_s A_{2s} & \cdots & \cdots & \sum_{s \in s_k} A_{1s}^T P_s A_{2s} \\ \sum_{s \in s_1} A_{2s}^T P_s A_{1s} & \sum_{s \in s_1} A_{2s}^T P_s A_{2s} & 0 & \cdots & 0 \\ \vdots & 0 & \ddots & \ddots & \vdots \\ \vdots & \vdots & \ddots & \ddots & 0 \\ \sum_{s \in s_k} A_{2s}^T P_s A_{1s} & 0 & \cdots & 0 & \sum_{s \in s_k} A_{2s}^T P_s A_{2s} \end{pmatrix} \tag{3-76}$$

$$b = \begin{pmatrix} \sum_{s \in S} A_{1s}^T P_s B_s \\ \sum_{s \in s_1} A_{2s}^T P_s B_s \\ \vdots \\ \vdots \\ \sum_{s \in s_K} A_{2s}^T P_s B_s \end{pmatrix} \tag{3-77}$$

基于北斗卫星导航系统与全球定位系统数据解算地球自转参数精度分析：实验解算北斗卫星导航系统数据时，利用中国境内及周边地区的共 15 个 MEGX 站，时间区间为 2017 年 8 月 1 日至 2017 年 8 月 16 日，年积日为 213~228 的北斗卫星导航系统数据进行地球自转参数的解算。实验利用 GAMIT 软件进行解算,设置经验模型为 RELAX,截止高度角为 15°,使用海潮模型为 FES204,对流层映射函数设置为 VMF1GRD.2017,大气潮汐模型为 atl.grid。解算完成后,将各天的极移值 X_p、Y_p 以及 UT1-UTC 值与国际地球自转服务发布的地球自转参数时间序列进行对比。由解算结果可以看出,在利用北斗卫星导航系统数据解算地球自转参数实验中,X 方向极移值与国际地球自转服务公布值差值的均方根值(RMS)为 0.6576mas,标准偏差为 0.2472mas,存在明显的系统性误差;Y 方向的均方根值为 1.0323mas,标准偏差为 0.1737mas,也存在明显的系统性误差;UT1-UTC 差值的均方根值为 0.0853ms,标准偏差为 0.0131ms,不存在明显的系统性误差。

解算全球定位系统数据时,利用的区域 IGS 站共 23 个,时间区间为 2017 年 9 月 1 日至 2017 年 9 月 15 日,年积日为 244~258 共 15 天的数据进行地球自转参数的解算。在进行测站选择的时候,依据的标准是:该站在近三年内的观测必须是连续的(若期间出现观测中断的情况,根据该站以往观测的连续性以及观测精度进行选择);尽可能选择坐标中误差在 1mm 以内、速度场中误差在 0.3mm/a 以下的测站。在利用 GAMIT 软件进行解算时,解算策略和模型选择同解算北斗卫星导航系统数据实验。解算完成后,将各天的极移值 X_p、Y_p 以及 UT1-UTC 值与国际地球自转服务发布的地球自转参数时间序列进行做差。

根据解算结果可以看出,利用区域全球定位系统数据解算地球自转参数,X 方向极移与国际地球自转服务公布值的差值最小为 0.0280mas,最大为 0.770mas,RMS 值为 0.4516mas,标准偏差为 0.4565mas,存在明显系统性误差;Y 方向极移值与国际地球自转服务公布值的差值最小为 0.2318mas,最大为 0.7662mas,RMS 值为 0.5475mas,标准偏差为 0.1620,存在明显的系统性误差;UT1-UTC 值与国际地球自转服务公布值的差值最小为 0.0444ms,最大为 0.3319ms,RMS 值为 0.2153ms,标准偏差为 0.0950ms,不存在明显的系统偏差。

两个实验对比可以看出,利用全球定位系统数据解算地球自转参数时不管是 X 方向还是 Y 方向的极移值,结果精度都要比利用北斗卫星导航系统数据解算的结果高,这是因为卫星导航定位技术发展更早,对地球自转参数的研究经验更加丰富,产品更加成熟。在 UT1-UTC 值方面,北斗卫星导航系统技术精度要高。北斗卫星导航系统技术尽管发展起步较晚,但是近年来建立的国内北斗分析中心在数据处理及生成产品方面取得了很大进步,北斗卫星导航系统的钟差、轨道、授时、地球自转参数等数据精度得到了很大提高。相信随着我国科研实力的提升,北斗卫星导航系统技术发展会更加迅猛,提供的时空数据精度会更高。

第4章 甚长基线干涉测量

4.1 射电干涉技术

射电源辐射出的电磁波,通过地球大气到达地面,由基线两端的天线接收。由于地球自转,电磁波的波前到达两个天线的几何程差(除以光速就是时间延迟差)是不断改变的。两路信号相关的结果就得到干涉条纹。天线输出的信号,进行低噪声高频放大后,经变频相继转换为中频信号和视频信号。在要求较高的工作中,使用频率稳定度达10^{-12}的氢原子钟,控制本振系统,并提供精密的时间信号,由处理机对两个"数据流"作相关处理,用寻找最大相关幅度的方法,求出两路信号的相对时间延迟和干涉条纹率。如果进行多源多次观测,则由求出的延迟和延迟率可得到射电源位置和基线的长度,以及根据基线的变化推算出的极移和世界时等参数。参数的精度主要取决于延迟时间的测量精度。因为,理想的干涉条纹仅与两路信号几何程差产生的延迟有关,而实际测得的延迟还包含传播介质(大气对流层、电离层等)、接收机、处理机以及钟的同步误差产生的随机延迟,这就要作大气延迟和仪器延迟等项改正,改正的精度则取决于延迟的测量精度。目前延迟测量精度约为0.1毫微秒。

基线两端的射电望远镜各自以独立的时间标准(氢原子钟等),同时接收同一个射电源的信号,并记录于磁带上,然后将两磁带的记录一起送入处理机作相关处理,求出两相同信号到达基线两端的时刻之差(简称时延)和相对时延变化率(简称时延率)。鉴于甚长基线干涉测量技术涉及的原理和物理模型内容较多,其原理及具体实施过程可参阅李征航等编著的《空间大地测量学》,这里仅简要介绍一下基本情况。

射电望远镜观测射电天体时的角分辨率用下式计算:

$$\theta = \frac{\lambda}{D}\rho \tag{4-1}$$

式中,θ的单位为秒,λ为望远镜所接收的无线电信号的波长;D为射电望远镜接收天线的口径。

最初的射电测量技术只利用一面射电望远镜接收和处理来自太空的无线电信号,而为保证射电观测的正常进行,一般要求口径达数十米的射电望远镜在机动过程中的变形要小于波长的1/10,要求天线面的平整度高于观测波长的1/20,因而所选择的信号波长不能太小。要达到有效性,扩大射电望远镜口径是提高分辨率的一个方法。为了进一步提高射电天文观测的本领,射电天文学家改进了射电干涉测量设备。采用信号的干涉将不同射电望远镜接收到同一天体的数据进行处理,即可测量出该天体所发射的无线电信号的相关特性。这样,观测分辨率不再依赖于望远镜口径的大小,而是取决于各望远镜之间的距离,望远镜之间的距离越长,分辨率越高。图4-1是射电干涉测量的构成原理,该方法需要用电缆连接起来,由于电缆价格昂贵,容易受外界环境影响,因此,射电干涉测量的距离一般被限制在几十千米以内。这也限制了射电干涉测量技术的发展。

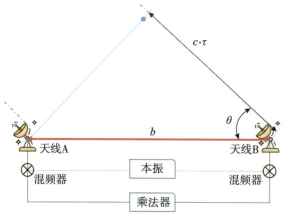

图 4-1 射电干涉仪原理图

20世纪,硬件和软件技术的迅猛发展使得射电干涉测量技术的瓶颈被打破。高精度原子钟作为计时工具以及频率标准的出现,可以在A、B两地的射电望远镜分别把接收到的信号和当地的原子钟产生的信号同时记录在磁带上,如图4-2所示,然后再送往

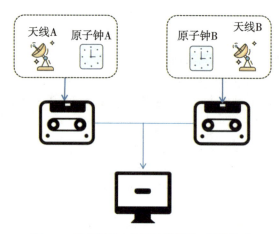

图 4-2 射电干涉(甚长基线干涉)测量技术

处理中心进行处理。由于两台原子钟可以保持严格同步，钟信号又与观测值同步记录在磁带上，这就让我们可以通过回放记录来求出射电信号到达两台射电望远镜的时间差。这种射电干涉测量技术即为甚长基线干涉测量技术。

4.2 甚长基线干涉测量技术历史发展

射电干涉仪诞生于20世纪40年代后期，50—60年代，众多国家建设了射电干涉仪，大大提高了射电天文观测分辨率，取得了很多新成果。但是，那个时代建设的射电干涉仪的基线距离一般限于几千米，它使用公共的频率源，频标信号的传送大多使用电缆或波导，个别使用微波传送，称为"连线射电干涉仪"（或"连接单元射电干涉仪"）。后来随着信号传输技术的改进和提高，70年代后建设的连线射电干涉仪的基线距离有了增长，例如：美国的由25台天线组成的甚大阵（VLA）综合孔径射电望远镜的最长基线为36km，英国的7台天线组成的微波连接射电干涉仪（MERLIN）的最长基线为217km。但是，频标信号的传送过程会产生噪声，使得信号变坏，这就限制了射电干涉仪各个观测单元之间的基线距离的进一步增长，连线射电干涉仪的分辨率就受到了限制。

为了克服连线射电干涉仪频标信号传输距离限制的问题，20世纪60年代中期，苏联等国的射电天文学家提出了"相干独立本振-磁带记录干涉仪"的新概念，即采用高稳定度的原子频标作为各个观测站的频率基准，观测数据用高速磁记录技术记录下来事后处理。这样，射电干涉仪的各个观测单元就可以不使用公共的频率源，而使用各自的高稳定原子频标（早期使用铷钟，现代均使用氢钟）。因此，射电干涉仪的各观测站之间的距离原则上就不受限制，它们可以建设在地球上任何地方，甚至太空，只要它们能够同时观测同一个目标就行。由于基线长度大大增加，所以后来把这类射电干涉仪称为"甚长基线干涉仪"。1967年3月，美国和加拿大射电天文学家分别在18cm和49cm波段，采用铷原子钟作为频率源，成功地进行了甚长基线干涉测量观测。1969年10月，美国与苏联成功地在2.8cm和6cm波段，进行了跨洲的甚长基线干涉测量观测，最高分辨率达到了0.4毫角秒，比当时的连线射电干涉仪的分辨率提高了上千倍。自此，射电天文开创了超高分辨率、超高定位精度的甚长基线干涉测量时代。

甚长基线干涉测量技术诞生以后，经过半个世纪的不断改进，其灵敏度、分辨率及定位精度均得到大幅提高。现在甚长基线干涉测量的最高分辨率和定位精度已经达到10微角秒量级，相当于在地球上可以观测到月球上厘米尺度的物体。甚长基线干涉测量是所有天文观测技术中分辨率最高的，它比哈勃空间望远镜的分辨率高数百倍。甚长基线干涉测量技术在天文学、地球动力学及航天工程等领域广泛应用，取得了众多的新发现和创新性成果。例如：获得了活动星系核和类星体的亚毫角秒尺度的精细结构和发现了相对论性喷流和视超光速现象；毫米波全球甚长基线干涉测量网在1.3mm波段的观测，首次为大质量黑洞M87拍了"照片"；建立了亚毫角秒精度的准惯性射电天球参考系；用甚长基线干涉测量技术测量了银河系脉泽源的高精度三角视差和自行，对银河系旋臂结构和动力学研究作出重大贡献；测量了美国阿波罗登月的月球车在月面的行进路线等。

甚长基线干涉测量和激光测卫等新技术的出现，使天体测量产生了革命性的变革，与经典测量技术相比，测量精度提高了1~2个数量级。20世纪70年代初，我国还处于"文革"时期，但中国科学院上海天文台的天文学家仍关注着国际上天文学的新发展，他们首先提议建设中国甚长基线干涉测量系统。1973年，上海天文台组建了射电天文研究小组，1978年扩建为射电天文研究室，其主要任务是研究甚长基线干涉测量技术的发展和应用。

1975年12月，上海天文台向中国科学院提呈了"有关在我国开展长基线射电干涉工作的论证和有关建议"报告。自此"长基线射电干涉仪"项目列入了中国科学院天文八年规划，并成为1978—1985年全国科技规划108项重点项目之一。1978年12月，中国科学院和原四机部在上海联合召开了"甚长基线射电干涉测量总体方案"论证会，会上提出并论证通过了建设"沪-昆-乌"甚长基线干涉测量测量网的总体技术方案。1979年3月，中国科学院原二局发文批复了论证会的"会议纪要"，同意中国甚长基线干涉测量系统立项建设。根据经费情况，中国科学院决定分期实施，首先建设上海天文台甚长基线干涉测量系统，并于1981年开始了第一期工程的建设：上海佘山25m天线甚长基线干涉测量观测站和VLBIMK-2型数据处理中心。当时，我国甚长基线干涉测量技术是完全空白的，对于某些关键技术和设备，国际上个别国家还对我国实施限制和禁运，所以研制工作困难很大。20世纪70年代后期，我国建设了"实验甚长基线干涉测量系统"，作为甚长基线干涉测量技术和原理的实验平台。1981年11月，我国利用实验甚长基线干涉测量系统的6m射电望远镜与德国的100m射电望远镜，成功地进行了国际上首次跨欧亚大陆的甚长基线干涉测量观测，受到国际甚长基线干涉测量界的极大关注。

1986年1月，上海天文台完成了《关于发展中国VLBI网的建议书》，提出的甚长基线干涉测量网二期工程的主要建设内容为：新建乌鲁木齐甚长基线干涉测量观测站、改造昆明10m天线太阳观测站为甚长基线干涉测量观测站、建设上海甚长基线干涉测量宽带数据处理中心。1987年10月，上海天文台25m天线甚长基线干涉测量系统建成揭幕，这是我国首个达到国际先进水平的甚长基线干涉测量系统。1988年起，该系统开始参加多种学科的国际甚长基线干涉测量网的联合观测，例如：欧洲甚长基线干涉测量网和美国航天局地壳动力学计划甚长基线干涉测量观测网，中-德、中-日及中-俄等双边合作甚长基线干涉测量联测。1989年"上海天文台甚长基线干涉测量系统"通过院级鉴定验收，被评为1991年度中国科学院十大科技成果之一，并获得1993年国家科技进步奖二等奖。图4-3为上海天文台的25m天线甚长基线干涉测量观测站，它位于上海松江东佘山东麓。

上海天文台与原乌鲁木齐天文站（现为国家天文台新疆天文台）合作建设乌鲁木齐南山25m天线甚长基线干涉测量站，该站于1994年建成并开始参加国内外的甚长基线干涉测量联测，1999年通过院级鉴定验收。中国甚长基线干涉测量系统二期工程于2000年完成结题验收。上海佘山和乌鲁木齐南山甚长基线干涉测量站均为国际天测/测

图 4-3 上海天文台 25m 天线甚长基线干涉测量观测站

地甚长基线干涉测量网、欧洲甚长基线干涉测量网和东亚甚长基线干涉测量网的重要成员，在天体物理、大体测量和地球动力学的甚长基线干涉测量观测研究方面，取得了多项重要成果。

近些年，上海天文台还与中国科学院授时中心和国家天文台及有关院外单位合作，发展甚长基线干涉测量技术，并应用于天文学、大地测量学及航天器测轨。

上海天文台一直专注于甚长基线干涉测量技术在航天工程方面的应用。1994 年，中国航天一院主持召开了关于我国首次探月工程技术方案的研讨会，上海天文台承担了"VLBI 测轨"和"探月卫星轨道设计"两项预研课题，首次提出了利用国内甚长基线干涉测量系统承担我国首次探月工程甚长基线干涉测量测轨的概念方案。1997 年，上海佘山甚长基线干涉测量观测站参加了美国 NASA 火星环球勘测号的甚长基线干涉测量测轨观测，取得了甚长基线干涉测量观测深空探测器的实际经验。90 年代后期，中国科学院多次召开会议，讨论我国首次探月工程的方案和中国科学院的任务。会议明确了中国科学院在我国首次探月工程中承担的主要任务为：科学目标的提出、有效载荷研制、科学数据接收和处理分析及甚长基线干涉测量测轨。上海天文台提出了"3 观测站+1 数据处理中心"的甚长基线干涉测量测轨的技术方案，即利用已经建成的上海和乌鲁木齐甚长基线干涉测量观测站、改造昆明 10m 天线太阳观测站为甚长基线干涉测量观测站，以及改造上海甚长基线干涉测量数据处理中心，组成探月工程的甚长基线干涉测量测轨系统。

21 世纪初，国家原国防科工委（现国家航大局）主持召集中国航天和中国科学院及其有关下属单位，多次讨论中国首次探月工程的总体技术方案。我国当时的航天测控系统主要用于地球轨道航天器的测控，性能上不能满足探月卫星的测控要求，所以测控是我国首期探月任务的主要瓶颈之一。国内现有测控系统测轨的基本工作模式为视向的测距和测速，而甚长基线干涉测量可高精度测角，所以将甚长基线干涉测量测轨数据与测控系统的测距测速数据结合起来进行卫星定轨，可以大大提高测定轨的精度和可靠性，特别是可以实现卫星的几十分钟短弧定轨,这对于卫星变轨后及时进行轨道测定是十分重要的。由于测控系统进行了适应性改造和甚长基线干涉测量测轨技术的应用,解决了首次探月工程的一个瓶颈问题。在总体技术方案的讨论会上,上海天文台给出了甚长基线干涉测量技术成果:甚长基线干涉测量测轨系统向航天指控中心提供甚长基线干涉测量测轨数据的滞后时间不超过 10 分钟,从而消除了对于甚长基线干涉测量系统是否能及时提供测轨数据的疑虑。最终,上海天文台提出的甚长基线干涉测量应用于探月卫星测轨的建议,列入了我国首次探月工程的总体技术方案,确定中国科学院的天文甚长基线干涉测量系统经过适应性改造后,作为探月工程测控系统的一个分系统,称为"VLBI 测轨分系统"。这是我国航天测控首次引入甚长基线干涉测量技术。使用甚长基线干涉测量技术进行探月卫星的全程实时工程测轨,这在国际上是首创。后来,由于接收探月科学数据的需要,确定建设北京密云 50m 天线和昆明 40m 天线的地面接收站,同时确定该两个地面站也承担甚长基线干涉测量测轨任务,所以最后的甚长基线干涉测量测轨的方案为"4 观测站+1 数据处理中心",4 个观测站为:上海、乌鲁木齐、北京、昆明,站址分布如图 4-4 所示,图中大地四边形可视为由 4 个测站组成的一个口径为 3000km 左右的虚拟射电望远镜。

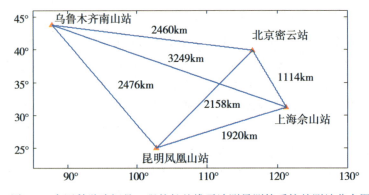

图 4-4　中国科学院探月工程甚长基线干涉测量测轨系统的测站分布图

2004 年,我国首次探月工程项目——"绕月探测工程"被批准立项实施。2007 年 10 月 24 日,探月卫星(嫦娥一号)在西昌卫星发射中心成功发射,图 4-5 为嫦娥一号卫星的飞行示意图。当卫星高度达到 2 万千米时,甚长基线干涉测量测轨分系统即开始对卫星进行全程跟踪测量(包括:转移轨道段、奔月轨道段、卫星制动和入月轨道段及环月段),甚长基线干涉测量测轨数据实际上在 6 分钟内即发送至航天指控中心。甚长基线干涉测量测轨观测的数据量大、运算复杂,数据处理中心接收 4 个观测站实时发送来的数据总量达到近百兆比特/秒,要进行 6 条基线多通道的互相关处理,再提取各条基线的甚长基线干涉测量时延和时延率观测量,然后再进行各种误差修正和卫星角位置计算,用数分钟时间完成上述数据处理过程,在甚长基线干涉测量数据处理的实时性方面,达到了国际顶级水平。甚长基线干涉测量测轨分系统超指标完成了嫦娥一号卫星的测轨任务，为我国首次探月工程的圆满完成作出了重要贡献。"绕月探测工程"获得2008年度国家科技进步特等奖。

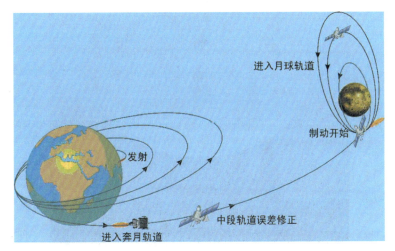

图 4-5 嫦娥一号卫星飞行轨道示意图

为了更好地完成今后的探月和深空探测甚长基线干涉测量测轨任务，我国于2009年开始建设上海天马65m天线射电望远镜，于2012年末建成，参加了嫦娥二号后期和嫦娥三、四号的甚长基线干涉测量测轨观测。它的建成大大提高了我国甚长基线干涉测量测量网的灵敏度和测量精度。从嫦娥一号至嫦娥四号，甚长基线干涉测量时延测量精度提高了5倍以上，这是由于多方面的改进和提高的综合结果，其中65m射电望远镜参加测轨观测是一个重要因素。同时，甚长基线干涉测量网测轨的实时性也大大提高，提供甚长基线干涉测量观测量数据的滞后时间，从6分钟缩短到了1分钟，这是当时国际上的最高水平。另外，在嫦娥三号工程中，还测量了月球车与着陆器的相对位置，精度为1m级，也达到国际最高水平。图4-6为上海天文台天马射电望远镜，它坐落在上海市松江区的天马山。

甚长基线干涉测量测轨分系统参加了探月工程嫦娥一号至嫦娥五号卫星的全部测轨工作，均圆满地完成任务，为探月任务的完成作出了重要贡献，共获得两项国家科技进步特等奖、两项国防科技进步特等奖及两项上海市科技进步一等奖。根据嫦娥五号任务的多目标测轨需要，我国科研部门研制了"动态双目标实时甚长基线干涉测量测轨系统"，这是国际首创。另外，为了完成我国首次火星探测工程的甚长基线干涉测量测定轨任务，自主研制了火星探测器的定轨软件，并利用国外现有的火星探测器，进行甚长基线干涉测量测轨的试观测，验证了自主研制软件的正确性和可靠性。

天马望远镜的综合性能位于世界前列，加上地理位置优越（位于几个主要甚长基线干涉测量网的交会处），天马望远镜将大幅度提高国际甚长基线干涉测量网的探测灵敏度，成为中国甚长基线干涉测量网乃至东亚甚长基线干涉测量网的核心，显著提高我国在天体物理前沿课题中的国际地位。天马望远镜已经参加了与美国GBT、EVN、东亚网

图 4-6　上海天马 65m 射电望远镜

的甚长基线干涉测量试观测,初步体现了其高灵敏度的优势。

500m 口径球面射电望远镜(简称 FAST,被誉为"中国天眼"),如图 4-7 所示,位于中国贵州省黔南布依族苗族自治州境内,是中国国家"十一五"重大科技基础设施建设项目。该射电望远镜于 2011 年 3 月 25 日动工兴建,2020 年 1 月 11 日通过国家验收并正式开放运行。

图 4-7　FAST 射电望远镜

2018 年 4 月 18 日,FAST 首次发现毫秒脉冲星,并获得国际认证。2019 年 1 月 24 日,FAST 与天马望远镜实现首次联合观测,获得甚长基线干涉测量干涉条纹。2021 年

3月31日，FAST向全球天文学家征集观测申请。2022年6月，FAST发现首例持续活跃快速射电暴，该成果在国际学术期刊《自然》上发表。2022年9月，"中国天眼"对一例位于银河系外的快速射电暴开展了深度观测，首次探测到距离快速射电暴中心仅1个天文单位的周边环境的磁场变化，向揭示快速射电暴中心引擎机制迈出重要一步。2022年10月，中国科学院国家天文台利用中国天眼FAST进行成像观测，在致密星系群——"斯蒂芬五重星系"及周围天区，发现了1个尺度大约为两百万光年的巨大原子气体系统，也就是大量弥散的氢原子气体。这是迄今为止在宇宙中探测到的最大的原子气体系统。2022年12月10日消息，国家天文台韩金林研究员科研团队利用中国天眼FAST探测了银河系内气体介质，获得高清图像。2022年12月26日，中国科学院国家天文台研究员李菂团队通过FAST的快速射电暴观测数据，精细刻画出动态宇宙的射频偏振特征，最新研究揭示圆偏振可能是重复快速射电暴的共有特征。2023年6月，国际学术期刊《自然》在线发表了中国天眼FAST取得的一项重要成果。研究团队利用中国天眼发现了一个名为PSR J1953+1844（M71E）的双星系统，其轨道周期仅为53分钟，是目前发现轨道周期最短的脉冲星双星系统。该发现填补了蜘蛛类脉冲星系统演化模型中缺失的一环。

北京时间2023年7月，《自然》发表了围绕中国天眼FAST发现的最新成果"微类星体中的亚秒级周期射电振荡"，该成果在国际上首次观测到微类星体中亚秒级的低频射电准周期振荡的现象——这一黑洞射电辐射脉搏的发现，揭示了黑洞喷流的复杂动力学特性。

4.3 甚长基线干涉测量用途

甚长基线干涉测量系统通常由两个或两个以上的甚长基线干涉测量观测站和一个数据处理中心组成。甚长基线干涉测量观测站的主要设备包括：高效射电天线、低噪声高灵敏度的接收机系统、甚长基线干涉测量高速数据采集系统、高稳定度的氢原子钟以及高精度时间比对系统等。应用于天文学研究和深空探测的甚长基线干涉测量系统的观测站通常需要装备口径数十米的大型射电天线。甚长基线干涉测量数据处理中心主要设备有专用的甚长基线干涉测量相关处理机和高速的通用计算机群。

由于甚长基线干涉测量法具有很高的测量精度，所以用这种方法进行射电源的精确定位，测量数千千米范围内基线长度和方向的变化，对于建立以河外射电源为基准的惯性参考系，研究地球板块运动和地壳的形变，以及揭示极移和世界时的短周期变化规律等都具有重大意义。此外，在天体物理学方面，由于采用了独立本振和事后处理系统，基线加长不再受到限制，这就可以跨洲越洋，充分利用地球所提供的上万千米的基线长度，使干涉仪获得万分之几角秒的超高分辨率。而且，随着地球的自转，基线向量在波前平面上的投影，通常会扫描出一个椭圆来。这样，在一天内对某个射电源进行跟踪观测的干涉仪，就可以获得各个不同方向的超高分辨率测量数据。依据多副长基线干涉仪跟踪观测得到的相关幅度，应用模型拟合方法，便可得到关于射电源亮度分布的结构图。地球大气对天体射电信号产生的随机相位起伏，带来了干涉条纹相位的测量误差。这和其他一些误差来源一道，限制了甚长基线干涉测量法的应用。若在三条基线上对射电源进行跟踪观测，由三个条纹相位之和形成闭合相位，则基本上可以消去大气和时钟误差的随机效应。用这种闭合相位参与运算，可以达到较好的模型拟合，从而减小结构图的误差。随着投入观测的站数不断增多，闭合相位也在增多，而且各基线扫描的椭圆覆盖情况也会逐渐改善，从而可以得到更精确的结构图。用甚长基线干涉仪测到的射电结构图表明：许多射电源呈扁长形，中心致密区的角径往往只有毫角秒量级，但却对应着类星体或星系这样的光学母体；有些致密源本身还呈现小尺度的双源结构甚至更复杂的结构；从射电结构随时间变化的情况看来，有的小双源好像以几倍于光速的视速度相分离。这些新发现给天体物理学和天体演化学提供了重大的研究课题。

我国首次引入甚长基线干涉测量手段为嫦娥一号定轨。中国科学院的甚长基线干涉测量网是测轨系统的一个分系统，它由位于北京、上海、昆明和乌鲁木齐的四个望远镜以及位于上海天文台的数据处理中心组成。这个系统的分辨率相当于口径为3000多千米的巨大的综合望远镜，测角精度可以达到百分之几角秒，甚至更高。甚长基线干涉测量测轨分系统的具体任务是获得卫星的测量数据，包括时延、延迟率和卫星的角位置，并参与轨道的确定和预报。比如：完成卫星在24小时、48小时周期的调相轨道段的测轨任务；完成卫星在地月转移轨道段、月球捕获轨道段以及环月轨道段的测轨任务；参加调相轨道、地月转移轨道、月球捕获轨道等各段的准实时轨道的确定和预报。

4.3.1 参考框架的维持与实现

参考框架是参考系的具体物理实现，进而定量地描述目标的坐标或运动。对应于地球称为地球参考框架，对应于空间则称为天球参考框架。甚长基线干涉测量的重大成就是天球参考框架和地球参考框架的建立。现在采用的ICRF3是依据46038颗河外射电源的位置建立起来的，精度超过1毫角秒；而甚长基线干涉测量技术联合激光测距技术、全球定位卫星跟踪技术，进一步提高了目前的全球参考框架的精度（优于1cm）。基于这些参考架下对地球和太阳系的运动的描述达到了前所未有的精度水平。

1. 天球参考框架

用一组射电源的位置表来实现天球参考系是目前国际一致认可的做法，称为国际天球参考架。这些射电源由分布在全球的许多甚长基线干涉测量站进行长期观测，其坐标值经过多家数据分析中心的解算结果综合得到。如图4-8所示为M87的射电源构造。M87星系，即室女座A星系（也称为梅西耶87、M87或NGC4486），是巨大的椭圆星系，拥有几项备受瞩目的特性：第一，其球状星团数量特别多，M87星系里共包含12000个球状星团；第二，该星系由核心发出一道向外延伸约1500秒差距（4900光年）的高能等离子喷流，运动速度达相对论速度，与光速已相当接近。M87是天空中最明亮的射电源之一，也是天文学者热衷于观测和研究的目标。

过去的几十年里，有多个机构利用甚长基线干涉测量技术建立河外射电源星表。随

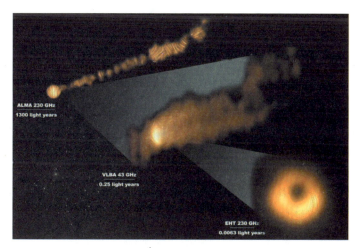

图 4-8　河外射电源 M87(来自超大质量黑洞喷流的射电辐射)

着现代天文学测量手段的进步，尤其是射电天文和甚干甚长干涉技术的兴起，最高精度的天文参考架逐步由光学星表过渡至射电星表。目前我们使用的最高精度的射电星表——ICRF3 射电星表，共包含 4000 多颗位置精度优于 1 毫角秒的河外射电源，其中精度最高的 300 多颗基准源的位置精度优于 0.1 毫角秒，被用于定义天球参考框架。

2. 地球参考框架

建立地球参考框架的目的是提供一个参考系具体化的方法，以便用它定量地描述点在地球上和天球上的位置和运动。采用国际协议推荐的模型和有关常数系统，通过一定的观测确定一组位于地球表面上的基本点的坐标。这组基本点及其坐标就构成了一个协议的地球参考架(CTRF)，它是协议地球参考系统(CTRS)的具体实现。目前，协议地球参考架主要是由拥有空间大地测量技术(甚长基线干涉测量、激光测卫、激光测月、全球定位系统)的台站构成。高精度的协议地球参考架还应当包括一个历元指标和一个坐标变换的速度场模型，以便把协议地球参考架从某一历元变换到另一个历元。这样的协议地球参考架主要是由国际地球自转服务通过观测并处理数据建立的。

目前地球参考框架的维护工作主要由国际地球自转与参考系统服务组织负责，具体任务是定期更新由各种空间大地测量技术观测得到的基础数据并改进各技术对应分析中心的分析策略。从 ITRF88 开始，国际地球自转服务已陆续推出了 13 个版本的参考框架，最新版本是 2022 年 4 月发布的 ITRF2020。

空间甚长基线干涉测量(SVLBI)出现以后，由于空间甚长基线干涉测量站和其他人造卫星一样，通过其轨道运动与地球质心建立起动力学的联系，因而，利用空间甚长基线干涉测量站与地面甚长基线干涉测量站做成基线观测，便可测定地面站的地心坐标。若能使世界上所有甚长基线干涉测量天线都参加空间甚长基线干涉测量的观测，则可以利用空间甚长基线干涉测量技术本身独立建设一个完整的地球参考框架。

4.3.2 甚长基线干涉测量用于电离层探测

在大气层60~1000km区域范围内的中性气体受太阳紫外线、X射线、λ射线及其他高能粒子作用，部分被电离，产生了大量的电子和正离子，组成了一个电离区域，这个电离区域称为电离层。电磁波信号在穿过这一区域时，受到电子和离子作用的折射影响，信号的传播速度会发生改变，改变大小取决于电离层中的电子含量密度和发射的电磁波频率；与此同时，信号的传播路线也会弯曲变化，但这种弯曲变化的程度较小，对测距的最终结果影响很小，在一般情况下可以不用考虑这种影响。

电子含量与电离层延迟成正比关系，在电磁波信号的传播过程中扮演着重要角色。电离层的高度将直接影响电子含量的密度分布情况，这种变化关系主要是受太阳辐射的能量强度及大气的密度影响。众所周知，大气密度随着高度的增加而变得稀薄，密度逐渐变小。上层电离层中，单位体积内可以用来电离的气体分子和原子数都很少，尽管在这个区域的太阳辐射能量很强，但电离出的电子数目却很少。而在电离层的下部，大气的密度虽然很大，而且有较为充足的可以用来电离的中性气体分子和原子数目，但是太阳在这个区域的辐射能量很弱，所以此时的电子密度也很小。在高度为300~400km的区域，大气可提供足够数目的分子和原子用来电离，而且在此区域太阳的能量强度也没有明显地减弱，故此区间的电子密度可包含极大值。电离层中的大气根据含有的不同成分按层次进行分布，这样也就使这些气体分子受到太阳辐射等影响电离后的频谱波段各不一样，所以在不同高度，电离层就形成了数个表示电子密度最大值的峰值区域。根据电离层中电子密度含量分布变化特性可将其分为D、E、F1、F2和H五层。各层的主要特征归纳如下：D层，距离地平面60~90km，主要是由强烈的X射线、紫外线等组成，受这些射线的影响，无线电波这种频率很低的电磁波会被吸收，目前暂时无法衡量计算这一层电离层对观测的影响；E层，距离地平面90~140km，是由太阳发出的微弱的射线电离产生，对最后观测结果的影响不大，可不用考虑；F1层，距离地面140~210km，主要是由各成分间的电离作用产生的，这一层的电子密度与F2层底部的密度相似，对时延结果的影响可以达到10%；F2层，距离地面210~1000km，主要是由中性大气组成，这一层的电子密度最大，对时延的影响也是最大的；H层，距离地面>1000km，这个高度可以延展到卫星的轨道高度，主要是少量氢气，尽管只有如此少的气体，它们仍可使电磁波信号产生时延，其对时延结果的影响白天可达10%，夜晚约5%。

太阳辐射的能量为大气分子的电离提供动力。太阳耀斑出现时，X射线和紫外线的辐射强度明显加强。除此之外，喷发出的大量的射线和带电粒子流都能让大气分子发生电离，从而造成大气的电离程度突然增强，电子数呈急剧增加的状态，加重对信号传播的影响。

利用甚长基线干涉测量进行相位参考观测时，为获得更高的相对天体的测量精度，必须获得更精确的传输介质(即大气)的延迟改正。常用的方法是在相位参考观测时，穿插类测地甚长基线干涉测量观测。

所谓类测地甚长基线干涉测量观测，即采用与常规测地观测类似的频率设置模式，通过对观测数据的相关处理，并进行相关后处理软件的处理分析(相关后处理软件通过对相关处理机输出结果的一系列处理使观测数据易于被随后的模型建立和参数估计软件所处理)，以借助射电源的观测量来测量宽波段时延(群时延)的技术。对约10颗源进行一系列源的方向角和高度的连续快速观测(30min内)，可以估计每个望远镜处的天顶方向的对流层延迟残差。这些观测模块类似于使用测地甚长基线干涉测量观测来确定源和望远镜的位置、地球定向参数等，因此被称为类测地。

4.3.3 甚长基线干涉测量用于卫星定位

我国航天事业的发展对空间飞行器的定轨精度要求越来越高。定轨精度与测量数据的数量和质量、测量数据的时间和地理分布以及航天器动力学模型精度密切相关。对于载人航天飞行等近地航天器，大气阻力是除地球引力场之外最重要的摄动因素，定轨精度也就会越来越差。甚长基线干涉测量技术可以利用探测器的无线电信号来进行干涉测量，确定探测器的位置及运动信息，可以有效解决距离太远、信号太弱等问题，实现对探测器的定位与测控。我国已经采用甚长基线干涉测量技术对我国月球探测器进行定位测量。我国现有上海、北京、昆明、乌鲁木齐4个台站为采用甚长基线干涉测量技术确定探测器位置建立了观测网。

为了尽可能地削弱电离层、中性大气的时延影响，提高定位精度，在利用甚长基线干涉测量进行定位时，除了选择更好的大气模型外，还可以采用差分甚长基线干涉测量技术。所谓差分甚长基线干涉测量技术，即通过交替观测目标天体和参考天体，将共同误差从观测量中消除，从而提高定位精度。自甚长基线干涉测量技术问世以来，美国航天局的喷气动力实验室(JPL)发展了双差单向测距和双差单向测速两种差分甚长基线干涉测量技术。差分甚长基线干涉测量技术是无线电测距测速的有益补充，在深空导航中得到了广泛的应用。

4.3.4 甚长基线干涉测量在地球动力学中的应用

地球自转的测量以及自转轴相对于地壳的漂移的测量结果中包含了许多物理过程的丰富信息。尽管地球自转很大程度上可近似为常数，但是在一个很长的地理时间尺度上，地球自转在稳定地逐渐减慢。对海底潮汐沉积物的最新分析显示，9亿年前，日长只有18小时。最近地球自转的减速运动比10亿年前的平均要大得多，达到每天2毫秒量级，但是已知在上一个百年里，自转却是加速运动的。地球自转轴除了相对于地壳的运动(极移)外，它在惯性空间也有运动(章动)。2个章动角再加上3个表示地球自转的量构成一组5个参数的地球定向参数。

1. 世界时

世界时是以地球自转为基础的时间计量系统，是根据地球自转周期确定的时间。由于地球绕自身轴周期旋转(自转)，地球上的人们看到太阳在东升西落，像一个飞轮，其周期相当于地球绕轴自转的周期。规定这个周期(日长)为 24 小时,把它细分和扩大,便得到时、分、秒和年、月、日。由于地球除自转外还绕着太阳公转,公转的轨道又不是圆的,因此上述太阳飞轮的周期并不严格等于地球自转的周期,其差值称为时差,时差数值每天不同,随地球与太阳之间的距离改变而变化,一年中最大最小变化约 30 分钟。早期的天文学家和数学家认识到这些规律,并对其做了校正。经过这种时差修正的视太阳时称为"平均太阳时"。根据国际协定,将英国格林威治所在子午圈(又称本初子午线)的半太阳时,定义为零类世界时(UT0)。

2. 极坐标

极坐标是天球历书极相对于国际地球自转服务参考极的 x 和 y 坐标。天球历书极与地球瞬时自转极的差异表现为近周日运动,幅值小于 $0.01''$。x 轴指向国际地球自转服务参考子午线,y 轴指向西经 $90°$。

3. 天极偏移

国际天文学联合会的岁差与章动模型中给出了天极偏移的描述。它是天极的观测位置与国际天文联合会模型所给出的位置之差。国际地球自转服务基于天文观测负责发布天极偏移参数。

通常将世界时和极坐标称为地球自转参数,共 3 个量,即 UT1 和 x、y。天极偏移表示为黄经章动和交角章动。

甚长基线干涉测量技术和其他空间大地测量技术将这 5 个参数的测量精度提高了几个数量级,进而有可能检测大量周期性和非周期性过程。通过均匀分布在地球表面上的台站构成的甚长基线干涉测量观测网(台站间的基线长度在地球半径量级),有可能将地球定向参数的测定精度提高到优于 1mas。

第 5 章 电磁波测距

从 20 世纪 50 年代开始，随着光电技术的发展，人们研制生产出了电磁波测距仪。利用电磁波测距仪来测量距离具有测距精度高、速度快、测程大等优点。

5.1 测距原理

5.1.1 电磁波测距的基本原理

电磁波测距是用电磁波作为载波进行长度测量的一种技术方法。其基本思想是通过测定电磁波往返于待测距离上的时间间隔来计算出两点间的距离，如图 5-1 所示。其基本公式为

$$D = t_{2D} \cdot c/2 \tag{5-1}$$

图 5-1 电磁波测距原理

5.1.2 电磁波测距仪的分类

目前电磁波测距仪已发展成为一种常规的测量仪器，其型号、工作方式、测程、精度等级也多种多样。电磁波测距仪的分类通常有以下几种。

(1) 按时间测定的方法分：$\begin{cases} \text{脉冲式测距仪} \\ \text{相位式测距仪} \end{cases}$

(2) 按测程分：$\begin{cases} \text{短程：<3km} \\ \text{中程：3km～十几 km} \\ \text{长程：可达几十 km} \end{cases}$

(3) 按精度指标分：$\begin{cases} Ⅰ级：<5\text{mm} \\ Ⅱ级：5\sim10\text{mm（每km测距中误差）} \\ Ⅲ级：11\sim20\text{mm} \end{cases}$

(4) 按载波源分：$\begin{cases} 光波：激光测距仪、红外仪 \\ 微波：微波测距仪 \end{cases}$

(5) 按载波数分：$\begin{cases} 单载波：可见光，红外光，微波，无线电波 \\ 双载波：可见光，红外光；可见光，微波 \\ 三载波：可见光，红外光，微波 \end{cases}$

(6) 按反射目标分：$\begin{cases} 漫反射目标：非合作目标 \\ 合作目标：单个反射镜，反射镜列阵 \\ 有源反射器：同频频载波应答机，非频载波应答机 \end{cases}$

需要说明的是，卫星大地测量中用于测量月球和人造卫星的激光测距仪，都采用脉冲法测距。

5.1.3 脉冲法测距的基本原理

由电磁波测距原理可知只要能精确测定时间 t，就可精确测定距离。脉冲法测距时由光脉冲发生器射出一束光脉冲，经发射光学系统投射到被测目标，如图 5-2 所示。与此同时，由取样棱镜取出一小部分光脉冲进入接收光学系统，并由光电接收器转换成电脉冲(称为主波脉冲)，作为计时的起点。从被测目标反射来的光脉冲通过接收光学系统后，也被光接收器接收，并转换成电脉冲(称为回波脉冲)，作为计时的终点。主波脉冲和回波脉冲之间的时间间隔就是光脉冲在测线上往返传播的时间（$t_{2D}=nt$），而 t_{2D} 是由时标脉冲振荡器不断产生的具有时间间隔（t）的电脉冲来决定的。

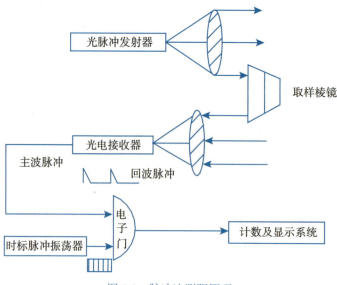

图 5-2 脉冲法测距原理

在测距之前,"电子门"是关闭的,时标脉冲不能进入计数系统。测距时在光脉冲发射的同一瞬间,主波脉冲把"电子门"打开,时标脉冲就一个一个经过"电子门"进入计数系统,计数系统就开始记录脉冲数目。当回波脉冲到达并把"电子门"关上后,计数器就停止计数,可见计数器记录下来的脉冲数目就代表了被测时间值。

5.1.4 相位法测距的基本原理

相位式光电测距仪就是通过测量调制光在测线上往返传播所产生的相位移,间接地测定时间 t,进而求出距离 D。

由光源经调制器后射出的光强随高频信号调制光,经反射镜反射后被接收器所接收,然后由相位计将发射信号(又称参考信号)与接收信号(又称测距信号)进行相位比较,并由显示器显示出调制光在被测距离上往返传播所引起的相位移。为清楚起见,将调制波的往返测程摊平,则有如图 5-3 所示的波形。

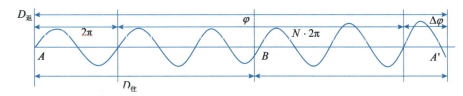

图 5-3 相信号往返一次的相位差

由于发射波与反射波之间的相位差为

$$\varphi = \omega t_{2D} \tag{5-2}$$

则

$$t_{2D} = \frac{\varphi}{\omega} = \frac{\varphi}{2\pi f} \tag{5-3}$$

代入式(5-1)得

$$D = \frac{c}{2f} \cdot \frac{\varphi}{2\pi} \tag{5-4}$$

由图 5-3 可以看出

$$\varphi = N \cdot 2\pi + \Delta\varphi = 2\pi(N + \Delta N) \tag{5-5}$$

式中,N 为零或正整数,表示 φ 的整周期数;$\Delta\varphi$ 为不足整周期的相位移尾数,$\Delta\varphi < 2\pi$;ΔN 为不足整周期的比例数,$\Delta N = \frac{\Delta\varphi}{2\pi} < 1$。

将式(5-5)代入式(5-4)可得

$$D = \frac{c}{2f}\left(N + \frac{\Delta\varphi}{2\pi}\right) = \frac{c}{2f}(N + \Delta N) = \frac{\lambda}{2}(N + \Delta N) \tag{5-6}$$

式(5-6)为相位式测距的基本公式。

令 $\frac{\lambda}{2} = u$，则上式为

$$D = Nu + \Delta Nu \tag{5-7}$$

上式与钢尺量距时的公式相比较，可以看出 u 相当于钢尺长度，称为光尺。于是，距离 D 也可以看成光尺长度乘以光尺整尺段数和余尺数之和。由于光速 c 和调制频率 f 是已知的，所以光尺的长度 u 是已知的。显然，要测定距离 D 就必须确定整尺段数 N 和余长比例数 ΔN。

在相位式测距仪中，相位计只能分辨 $0° \sim 360°$ 的相位值，也就是测不出相位变化的整周期 $N \cdot 2\pi$ 数，而只能测出相位变化的尾数 $\Delta \varphi \left(\text{或} \Delta N = \frac{\Delta \varphi}{2\pi}\right)$，因此使式(5-7)产生多值解，距离 D 仍无法确定。为了求得准确距离，在测距仪上，采用多把测尺，即多个调制频率的方法来解决，如表 5-1 所示。以短测尺（又称精测尺）保证精度，用长测尺（又称粗测尺）保证测程，从而解决"多值性"的问题。这就如同钟表上用时、分、秒相互配合来确定 12 小时内的准确时刻。根据仪器的测程与精度要求，即可选定测尺数目和测尺精度。

表 5-1　　　　　　　　　　　　测 尺 长 度

测尺频率	15MHz	1.5MHz	150kHz	15kHz	1.5kHz
测尺长度	10m	100m	1km	10km	100km
精度	1cm	10cm	1m	10m	100m

设仪器中采用了两把测尺配合测距，其中精测尺频率为 f_1，相应的测尺长度为 $u_1 = \frac{c}{2f_1}$；粗测尺频率为 f_2，相应的测尺长度为 $u_2 = \frac{c}{2f_2}$。若用两者测定同一距离，则由式(5-7)可写出下列方程组

$$\begin{cases} D = u_1(N_1 + \Delta N_1) \\ D = u_2(N_2 + \Delta N_2) \end{cases} \tag{5-8}$$

将式(5-8)稍加变换即得

$$N_1 + \Delta N_1 = \frac{u_2}{u_1}(N_2 + \Delta N_2) = K(N_2 + \Delta N_2) \tag{5-9}$$

式中，$K = \frac{u_2}{u_1} = \frac{f_1}{f_2}$，称为测尺放大系数。

若已知 $D < u_2$，则 $N_2 = 0$。因为 N_1 为正整数，ΔN_1 为小于 1 的小数，等式两边的整数部分和小数部分分别相等，所以有 $N_1 = K\Delta N_2$ 的整数部分。为了保证 N_1 值正确无误，测尺放大系数 K 应根据 ΔN_2 的测定精度来确定。

5.1.5 电磁波测距的成果整理

电磁波测距仪器系统误差改正包括加常数、乘常数改正和周期误差改正。

1. 仪器系统误差改正

仪器常数包括乘常数 R 和加常数 K 两项。距离的乘常数改正值：

$$\Delta S_R = R \cdot S \tag{5-10}$$

式中，R 的单位为 mm/km，S 的单位为 km。

例如，测得的观测值 $S=816.350\text{m}$，$R=+6.3\text{mm/km}$，则 $\Delta S_R=6.3\times0.816=+5\text{mm}$。

距离的加常数改正值 ΔS_K 与距离的长短无关，因此有

$$\Delta S_K = K \tag{5-11}$$

例如，$K=-8\text{mm}$，则 $\Delta S_C=-8\text{mm}$。

所谓周期误差是指按一定的距离作为周期重复出现的误差。周期误差主要来源于仪器内部的串扰信号。一般来说周期误差的周期取决于精测尺长。仪器的周期误差改正数计算公式如下：

$$V_i = A\sin(\varphi_0 + \theta_i) \tag{5-12}$$

式中，V_i 为周期误差改正数(其正负号由正弦函数值决定)；A 为周期误差的振幅；φ_0 为初相位角；θ_i 为与待测距离的尾数相应的相位角。

2. 气象改正

电磁波在大气中传播时受气象条件的影响很大。因此，当测距精度要求较高时，测距时还应测定气温、气压，以便进行气象改正。距离的气象改正值 ΔS_A 与距离的长度成正比，因此气象改正参数 A 也是一个乘常数。一般在仪器的说明书中给出 A 的计算公式。例如，REDmini 测距仪以 $t_x=15℃$，$p=760\text{mmHg}$ 为标准状态，此时 $A=0$；在一般大气条件下：

$$A = 278.96 - \frac{0.3872p}{1+0.003661t_x} \text{ (mm/km)} \tag{5-13}$$

距离的气象改正值为

$$\Delta S_A = A \cdot S \tag{5-14}$$

例如，观测时 $t_x=30℃$，$p=740\text{mmHg}$，则 $A=+20.8\text{mm/km}$；对于测得的观测值 $S=816.350\text{m}$，则 $\Delta S_A=+20.8\times0.816=+17\text{mm}$。

3. 倾斜改正

当测线两端不等高时，测距结果为倾斜距离，尚需加倾斜改正，才能得到测线的水平距离。其计算方法有以下两种：

(1)当测线两端之间的高差已知时，ΔS_S 可按下式计算：

$$\Delta S_S = -\frac{h^2}{2S} - \frac{h^4}{8S^3} \tag{5-15}$$

（2）当测线两端高差未知时，可测定测线的竖角 α，按下式计算倾斜改正：

$$\Delta S_S = S \cdot (\cos\alpha - 1) \tag{5-16}$$

5.1.6 电磁波测距的误差分析

由相位法测距的基本公式知

$$D = N\frac{c}{2nf} + \frac{\varphi}{2\pi} \cdot \frac{c}{2nf} + K \tag{5-17}$$

对式(5-17)取全微分后，转换成中误差表达式为

$$m_D^2 = \left[\left(\frac{m_c}{c}\right)^2 + \left(\frac{m_n}{n}\right)^2 + \left(\frac{m_f}{f}\right)^2\right]D^2 + \left(\frac{\lambda}{4\pi}\right)^2 m_\varphi^2 + m_k^2 \tag{5-18}$$

式中，λ 为调制波的波长 $\left(\lambda = \frac{c}{f}\right)$；$m_c$ 为真空中光速值测定中误差；m_n 为折射率求定中误差；m_f 为测距频率中误差；m_φ 为相位测定中误差；m_k 为仪器中加常数测定中误差。

此外，理论研究和实践均证明：由于仪器内部信号的串扰会产生周期误差，设其测定的中误差为 m_A，测距时不可避免地存在对中误差 m_g。因而测距误差较为完整的表达式应为

$$m_D^2 = \left[\left(\frac{m_c}{c}\right)^2 + \left(\frac{m_n}{n}\right)^2 + \left(\frac{m_f}{f}\right)^2\right]D^2 + \left(\frac{\lambda}{4\pi}\right)^2 m_\varphi^2 + m_k^2 + m_A^2 + m_g^2 \tag{5-19}$$

由式(5-19)可见，测距误差可分为两部分：一部分是与距离 D 成比例的误差，即光速值误差、大气折射率误差和测距频率误差；另一部分是与距离无关的误差，即测相误差、加常数误差、对中误差。周期误差有其特殊性，它与距离有关但不成比例，仪器设计和调试时可严格控制其数值，使用中如发现其数值较大而且稳定，可以对测距成果进行改正，这里暂不顾及。故一般将测距仪的精度表达式写成

$$m_D = \pm(A + B \cdot D) \tag{5-20}$$

式中，A 为固定误差；B 为比例误差系数；D 为被测距离。

如果每千米的比例误差为 C_{ppm}，则式(5-20)可写成

$$m_D = \pm(A + C_{ppm} \cdot D) \tag{5-21}$$

5.1.7 激光测距

与一般的光相比，激光具有如下特点：①亮度高，由于激光的发射能力强和能量的高度集中，所以亮度很高，它比普通光源亮亿万倍；②方向性好，激光发射后发散角非常小所以方向性特别好；③单色性好，激光的波长基本一致，谱线宽度很窄，颜色很纯，单色性很好，测距的精度可以达到很高；④相干性好，激光不同于普通光源，它是受激辐射光，具有极强的相干性，所以称为相干光。

激光测距是以激光器作为光源进行测距。根据激光工作的方式分为连续激光器和脉

冲激光器。氦氖、氩离子、氦镉等气体激光器工作于连续输出状态，用于相位式激光测距；双异质砷化镓半导体激光器，用于红外测距；红宝石、钕玻璃等固体激光器，用于脉冲式激光测距。激光测距仪由于激光的单色性好、方向性强等特点，加上电子线路半导体化集成化，与光电测距仪相比，不仅可以日夜作业，而且能提高测距精度。

世界上第一台激光器，是由美国休斯飞机公司的科学家梅曼于1960年研制成功的。美国军方很快就在此基础上开展了军用激光装置的研究。1961年，第一台军用激光测距仪通过了美国军方论证试验。此后激光测距仪很快就进入了实用阶段。

激光测距仪重量轻、体积小、操作简单、速度快而准确，其误差仅为其他光学测距仪的五分之一到数百分之一，因而被广泛用于地形测量、战场测量、坦克、飞机、舰艇和火炮对目标的测距、测量云层、飞机、导弹以及人造卫星的高度等。它是提高坦克、飞机、舰艇和火炮精度的重要技术装备。

由于激光测距仪价格不断下调，工业上也逐渐开始使用激光测距仪。国内外出现了一批新型的具有测距快、体积小、性能可靠等优点的微型测距仪。

1963年，第三届国际量子电子学会上，科学家提出利用新光源测量卫星距离的可能性。1964年10月，美国通用电气公司和戈达德飞行中心先后成功地利用红宝石激光器测到了由美国宇航局于当月发射的世界上第一颗带激光后向反射镜的人造地球卫星——探险者22号（BE B）的距离。随着这次实验的成功，人造卫星激光测距技术得到了迅速的发展，如今已经成为最主要的现代高技术空间大地测量手段之一。1969年11月，阿波罗11号载人宇宙飞船在月球登陆，Neil Armstrong 在月球上放置了第一个月球后向反射镜，之后，激光测月技术开始发展起来。

5.2 激光测卫技术

自从人造卫星激光测距仪的出现，其测距资料应用就受到了人们广泛的重视，人卫激光测距技术也因此迅速得到多方面的发展。随着观测精度和密度的不断提高及资料的积累，加上计算机技术的飞速发展，人卫激光测距资料的应用也更加广泛和深入。研究表明，当测距精度为米级时，激光测卫观测资料可用于地球引力场的研究；当测距精度为分米级时，激光测卫观测资料可用于地球固体潮和极移场的研究；当测距精度为厘米级时，激光测卫观测资料可用于地球板块构造和断层活动的研究；当测距精度为亚厘米级时，激光测卫观测资料可用于地球板块间形变的研究。

1972年，Smith 等人曾应用激光测卫资料求解了纬度变化，精度约为 0.03″，这一工作的可行性得到 Dum 等人的进一步证实。1978年，Schutz、Smith 等人则直接求解了极移，从而为激光测卫在地球自转服务方面替代经典技术奠定了基础。1980年，国际天文学联合会（IAU）和国际大地测量与地球物理联合会（IUGC）组织了 MERIT 联测，这一联测充分显示了新技术的优越性，新技术的精度比经典方法提高了 1~2 个数量级，如激光测卫测定的自转参数的精度达到 0.01″。1988年1月1日起，国际地球自转服务就主要依靠甚长基线干涉测量、激光测卫、激光测月和全球定位系统等技术来维持，它包括地球自转参数的确定和高精度的参考系统及台站坐标的确定与维持。与此同时，一些与地球自转相联系的问题也得到了深入的研究，如日长变化与大气角动量的激发变化及地球水分布的变化的相互关系，观测证明，地球自转速率与大气角动量存在着强耦合关系，说明大气是地球自转速率变化的主要激发源，研究同时证实日长的变化与厄尔尼诺事件紧密相关。

早在 1979 年，美国航天局的 Smith 等人已利用圣安德烈斯断层两侧的相距 1000km 的两个 I 台站的激光测卫观测计算出其基线的变化率为 9±3cm/a。随后 Taplay 等人在研究全球激光测卫资料后给出了 5 条基线的变化率，与地质学上的 M-J 模型比较符合很好。这些证明了激光测卫可以用于区域性及全球板块运动监测。

20 世纪 70 年代末开始，美国航天局就利用激光测卫和甚长基线干涉测量技术开始了全球规模的地壳动力学观测计划，全球板块相对运动的实测结果证实，不论是甚长干涉测量技术，还是激光测卫技术，所得结果与地质资料得到的全球板块相对运动模型 NUVEL-1 模型比较符合率都达 95% 左右，同时也测定各板块内的运动很小，这表明板块的钢性假设基本成立。1992 年，美国航天局在完成了地壳动力学观测计划并取得了一批具有世界影响的重要成果后，又以固体地球动力学(DOSE)计划作为地壳动力学观测计划的后续。

20 世纪 80 年代中期，西欧也提出了相应的激光测卫科学计划，主要利用地中海地区的激光测卫网研究该地区的地壳运动，包括欧亚、印澳、非洲和阿拉伯板块的相互作用，并在近年来延伸到了中亚。而由澳大利亚、日本、中国和俄罗斯等国的激光测卫组成的西太平洋网在近几年成立并得到了很大发展。1991 年起，为期 5 年的中国国家攀登计划(现代地壳运动和地球动力学研究)启动，用于对地球自转变化、精密地球参考系的建立与维持、板块运动和区域性地壳运动的监测，激光测卫是其中的主要手段之一。

5.3　激光测月技术

20 世纪 60 年代开始，人们用光学望远镜发射激光脉冲到月球并接收其回波，由记录的时间间隔来计算观测站到月球的距离。开始只能接收月面漫反射的激光回波，后来在月面安置了后向反射器，增加了回波强度，提高了观测精度(精度达 1cm)。所得资料可供测定世界时、极移、地面点的地心坐标，研究月球轨道和月球内部结构等使用。

1969 年 7 月 20 日阿波罗 11 号载人登月成功，在月面安装了激光反射器用于测距。后来陆续在月面不同地点共安装了 5 个激光反射器，如图 5-4 所示，相关成果可从 https：//ilrs.gsfc.nasa.gov/about/index.html 网址获取。20 世纪 70 年代的测距精度为 8cm，20 世纪 90 年代已达 1cm，故激光测月技术已成为现代最精确的观测技术之一。用激光测月资料可精确测定地球自转参数、月历表偏差、月球天平动参数、引力理论参数等。

McDonald 是最初进行月球激光测距的几个测站之一。该站采用 2.7m 的望远镜并且每个阴历月进行 21 天测量，最初用的激光器是红宝石激光器，在 1975 年前后的测距精

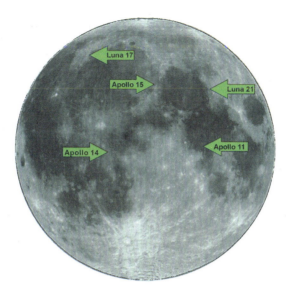

图 5-4 月球反射片

度大约是 25cm，在 80 年代初提高到了 15cm。1985 年后这套系统被一套新的系统 MLRS 所代替，新系统望远镜口径为 76cm，采用 YAG 激光器得到了更窄的脉冲宽度并且采用了更精确的时间计量设备，精度有了显著提高，达到了 3cm 的水平。新系统同时具有进行卫星激光测距和月球激光测距的能力。如今这套系统仍可进行 LLR 工作并且产生的数据占全球 LLR 数据量的 30%。美国在 New Mexico 建立了一台大口径（3.5m）的 Apollo 系统。该系统配备了麻省理工学院林肯实验室研制的 APDs 阵列，可以测出返回的多个光子并且获得每个光子的返回时间，同时记录返回光子的二维空间分布的位置，这为实时引导望远镜提供参考从而使返回的光子数大大增加。这套系统在 2005 年 10 月至 2006 年 6 月间进行了试运行，经过逐步改进取得了非常好的效果，单个脉冲有时可以返回多个（2~7）光子，对四个月面反射器进行一小时的测距总共可收到 2650 个回波。该系统测距精度可达到 1mm，提供的数据将提高各种理论的研究精度一个数量级。国际激光测距服务站点主要分布如图 5-5 所示，主要分布在中纬度区域，图 5-6 所示为位于意大利的观测站。

月球激光测距仍在不断给我们提供有价值的结果。一些测站不断地改进测月仪器，提出新的处理数据的方法，减少了影响精度的因素，激光测月的精度已经从刚开始的分米级提升到了毫米级。

改进月球激光测距的主要技术方法如下：

1）采用先进的接收器件

Ulrich Schreib 等人在法国的 GRASSE 月球激光测距站比较了两种接收器件（雪崩二极管 SP114 和光电倍增管 RCA31034a）的性能，他们发现雪崩二极管 SP114 能在波长为 532nm 和 1.064μm 处成功运行，而且具有高灵敏度、高精度、更稳定和方便使用的特点。为了取得毫米量级的测月精度，Apollo 系统采用了由麻省理工学院林肯实验室研制

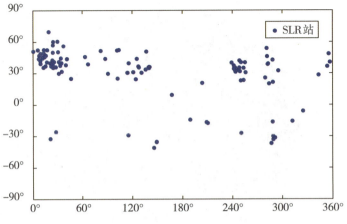

图 5-5　国际激光测距服务地面站点分布

图 5-6　意大利的 Matera 台站

的雪崩二极管阵(APDS, 4×4 及 32×32)作为新的接收器件。这个器件具有高的时间分辨率(<100ps)、高的探测效率(50%)。以往的探测器只接收返回的第一个光子而放弃了后面的光子,雪崩二极管阵将探测每个返回的光子,将不同的探测单元探测到的光子进行统计分析,从而得到返回脉冲的二维空间信息,这种方法可以为实时引导望远镜提供信号从而保证到达月面的激光时时对准月面反射器,从而提高回波光子数。

2)采用光学计数器

在月球激光测距实验中,时间计数是一件很重要的事,只有时间计量的精度足够高,我们才可以获得高精度的、可靠的测月数据。时间计数常用办法是通过光电二极管将光信号转化成电信号,这个转化所带来的延迟是由很多因素决定的,用这种计数器所带来的误差是纳秒量级的。当然,当计量连续光脉冲的时间间隔时,它所带来的误差就很小(10ps),因为在相减时去掉了不稳定因素的影响。Samain Etienne 做了光学计数器的实验,让光脉冲经过加上了振荡电场的电光晶体,振荡电场须与钟所传送的振荡电压同步,出射后光脉冲的极化性质发生改变,再通过格兰棱镜将不同偏振性质的光分开,并且通过探测器计数,可以推出光脉冲到达电光晶体的时间。这种光学计数器避免了从光脉冲转化为电脉冲所带来的时间误差,精度可达 10ps,比通常的计数器精度高两个数量级。

3)提高望远镜的指向精度

月球激光测距的特点要求望远镜必须具有角秒级的指向精度。云南天文台的冯和生等人系统地发展并实现了一整套建立望远镜高指向精度的方法。其具体方法可分为望远镜的全天指向模型修正、编码器小周期修正、局部天区指向模型修正。通过天文观测和图像处理可精确地求出望远镜视轴指向的偏差,用适当的数学模型修正其系统偏差。研究表明,在一个时段内,经过全天指向模型修正和编码器小周期修正后望远镜指向精度的中误差可达 ±1arcsec。这样的指向精度必定会大大提高测月成功的概率。

地月激光测距技术是一项综合技术,它涵盖了大型望远镜、脉冲激光器、单光子探测、自动控制、空间轨道等多个学科领域。我国自 20 世纪 70 年代起就具备卫星激光测距能力,但不能进行地月距离的激光测距。2015 年开始,中山大学"天琴计划"科研团队启动月球激光测距任务,并得到国家航天局和国家自然科学基金委应急项目的支持。

通过与中国科学院云南天文台合作,昆明的卫星激光测距系统得到了升级,并于 2018 年 1 月 22 日测出地月距离。这是中国人首次成功利用激光精确地测量地月距离,使我国成为世界上第五个实现地月激光精确测量的国家。随后,"天琴计划"科研团队启动珠海测距台站建设项目(如图 5-7 所示),并于 2019 年 6 月首次测得地月距离,在随后的几个月里,团队测到了月面上所有的五面反射镜的回波信号,地月激光测距的技术稳定性和成熟性进一步得到确认。

图 5-7 珠海激光测距台站

5.4 卫星测高技术

卫星测高技术最早由美国著名的大地测量学者 Kaula 于 1969 年提出，随着现代计算机技术和空间技术的发展和应用而产生，并日趋成熟。卫星测高作为一项高科技测量技术，以卫星为测量仪器的载体，借助空间、电子和微波等高新技术实现了全球海面高的精密测定。

5.4.1 卫星测高技术的发展

1973 年 5 月 14 日，美国宇航局发射了第一颗带有测高仪的卫星 Skylab 进行验证性实验。虽然该卫星径向轨道误差较大，测高仪本身还存在着漂移，而且存在着系统偏差，但其 1~2m 的测高精度水平给后续发射的测高卫星的发展提供了许多有用的技术依据。1975 年 4 月 9 日，美国航天局发射了第二颗测高卫星 Geos-3，进行了长达三年的实验。Geos-3 最初目的是利用雷达高度计测量全球海洋大地水准面、重力场以及地球结构等，提供分离陆地和海洋的技术方法，但其测高精度仅 50cm，覆盖面积也不够。Geos-3 卫星的成功发射和正常运行为后续测高卫星的发射奠定了基础。1978 年 6 月 28 日，美国航天局发射了携带新一代雷达高度计的海洋卫星 SeaSat，其测高仪精度可达到 10cm 量级，并且可以覆盖全球，不幸的是由于电源故障，卫星在飞行三个月后就失效了。SeaSat 的成功实验对雷达高度计技术的发展具有决定性意义。1985 年 3 月 12 日美国海军发射了 GeoSat 大地测量卫星。该卫星主要用于军事目的，将获得的高密度的全球高精度海洋数据用于改进现有的地球重力场以及海洋大地水准面。它工作了近五年，首次提供了一年以上重复高分辨率全球海面高数据，卫星测高的数据量得到了保证，标志着卫星测高技术进入成熟阶段。其后续卫星 GFO(GeoSat-Follow-On)于 1998 年 2 月 10 日发射，并在 2008 年 10 月结束运行。

继 GeoSat 之后，卫星测高项目迎来一个大发展期。欧空局在 1991 年 7 月发射了欧洲第一颗遥感卫星 ERS-1。根据工作模式不同，该卫星先后执行了三种不同的运行周期，其中高密度的大地测量任务观测数据，联合 GeoSat 漂移轨道数据可使海洋重力场空间分辨率优于 5km，迄今为止都还是反演海洋重力场的主要数据源。ERS-1 卫星于 2000 年 3 月结束运行，有效测高数据在 1996 年 6 月就已无法获取。其后续卫星 ERS-2 和 EnviSat-1 分别于 1995 年 4 月和 2002 年 3 月发射，轨道和测距精度，以及测距仪工作模式都得到了较大提高和完善，其中 ERS-2 数据在 2003 年 6 月已无法实现全球覆盖。

经过近 20 年的经验积累，1992 年 8 月 10 日，美国航天局与法国空间局(CNES)联合发射了海洋地形实验卫星 Topex/Poseidon。它搭载有两种测高仪，包括法国的固体测高仪和美国的双频测高仪。由于载有全球定位系统接收机，其轨道精度达 2cm，加上微波辐射计改正以及其他大气传播延迟的良好改正，其测距精度是目前的最高水平，目前仍是各项相关研究的重要支撑。服务 13 年后，T/P 卫星于 2005 年 10 月 9 日停止运行，其后续卫星 Jason-1 和 Jason-2 已分别在 2001 年 12 月和 2008 年 6 月发射，这三颗卫星联合提供了至今长达近 17 年的连续观测数据，是研究海平面变化长期趋势精度最好且最完整的数据。

卫星测高技术主要发展状况如图 5-8 所示，早期的测高卫星均由美国发射，包括 1973 年发射的 Skylab，1975 年发射的 Geos-3，1978 年发射的 SeaSat。这些测高卫星不仅在轨时间较短，而且径向轨道误差大，因此相关的研究工作较少，但它们为后续雷达测高技术的发展奠定了基础。从 1985 年开始，卫星测高技术步入快速发展期，各类测高卫星相继发射成功，观测精度也得到了大幅提升。在这些测高卫星中，主要有三个国际系列卫星：GeoSat、ERS 和 Topex/Poseidon(T/P) 系列卫星。系列测高卫星的主要特点是卫星轨道几乎一致，地面条带轨迹也几近重合，因此卫星数据之间有较好的延续性。GeoSat 系列卫星包含 GeoSat 和 GFO-1，重访周期均为 17 天。ERS 系列卫星包含 ERS-1、ERS-2、EnviSat 和 SARAL，重访周期均为 35 天，卫星轨道倾角为 98.5°，因此能覆盖地球南北纬 81.5°的范围。T/P 系列卫星主要包括 T/P，Jason-1，Jason-2，Jason-3 和 Jason-CS，这是目前重访周期最短(10d)的系列卫星，由于轨道倾角较小(66°)，其地面轨迹比 ERS 系列卫星稀疏，覆盖范围(南北纬 66°)也小于 ERS 系列卫星(南北纬 81.5°)。上述测高卫星主要由欧洲空间局和美国发射。

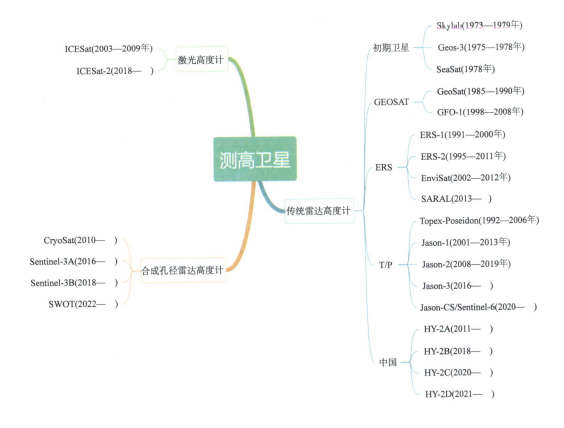

图 5-8 卫星测高技术发展概况

值得一提的是，俄罗斯于1985—1996年发射了10颗带有雷达高度计的GEO-IK卫星，目的为确定基本大地测量常数、地心参考系、地球形状参数及地球重力场。卫星位于约1500km高的近圆轨道，轨道倾角为74°或83°。雷达高度计工作频率为9.5GHz，仪器精度对于1s和10~12s平均值的均方误差分别为0.4~0.5m和0.1m。卫星运行时间从几周到18个月不等，有时两颗卫星同时在轨运行。累计进行382万次测量，产出36阶EP-90和200阶EP-200地球重力位模型、大地测量网坐标及全球海洋大地水准面高等产品。最初，卫星数据列为机密级，需经俄罗斯相关部门批准才能使用，1992年解密大部分数据。

我国自主的测高卫星计划相对较晚。海洋二号（HY-2A）卫星是我国自主研制的第1颗海洋动力环境卫星，采用有限脉冲雷达测高体制，于2011年发射入轨，旨在实时提供海面高、浪高、海流及海面温度等多种海洋信息。我国于2018年、2020年、2021年分别发射了HY-2B/2C/2D海洋动力环境卫星，均采用相同的有限脉冲测高技术体制，目前已进入三星组网阶段，它们将在海洋动力环境探测与分析等领域贡献丰富的观测数据。

以上这些测高卫星搭载的都是传统低分辨率模式（LRM）的雷达高度计，脉冲信号在地面的脚印较大，照亮区域的半径为几千米到十几千米不等，这种工作模式限制了其测高精度。与传统LRM高度计相比，激光高度计和SAR模式的高度计均有较小的雷达地面脚印。SAR模式也被称为高分辨率模式，其采用多普勒延迟技术大幅提高了雷达脚印在沿轨方向上的分辨率。ICESat和ICESat-2搭载了激光雷达高度计，脚印直径约为72m和17m。CryoSat-2和Sentinel-3搭载了合成孔径雷达（SAR）模式的高度计，CryoSat-2只在特殊区域采用SAR模式，而Sentinel-3在全球均采用SAR模式，LRM模式只是备用模式。Sentinel-3包含Sentinel-3A和Sentinel-3B两颗卫星，两颗卫星分别发射于2016年和2018年且轨道相互交错。

最后值得一提的是2022年发射的地表水和海洋地形卫星任务（SWOT），如图5-9所示为样本图，该卫星将大幅提升遥感卫星监测地表水的能力。SWOT卫星由美国航天局和CNES联合研发，加拿大航天局（CSA）和英国航天局也作出了贡献。该项目的美国部分由位于加州帕萨迪纳市的加州理工学院为美国航天局代管的喷气推进实验室领导。关于飞行系统有效载荷，美国航天局提供KaRIn仪器、全球定位系统科学接收器、激光回射器、双束微波辐射计和美国航天局仪器操作。CNES提供多普勒轨道成像和卫星综合无线电定位系统、双频海神波塞冬高度计（由泰雷兹·阿莱尼亚航天公司研发）、KaRIn射频子系统（与泰雷兹·阿莱尼亚航天公司合作，并得到英国航天局的支持）、卫星平台和地面操作。CSA提供KaRIn大功率发射机组件。美国航天局提供运载火箭，其位于肯尼迪航天中心的发射服务项目负责管理相关发射服务。SWOT卫星是全球第一型观测地球表面几乎所有水体的卫星，将测量地球湖泊、河流、水库和海洋中的水体高度，以了解海洋如何影响气候变化；全球变暖如何影响湖泊、河流和水库；以及社会如何更好地应对洪水等灾害。

SWOT将覆盖南纬78°和北纬78°之间的整个地球表面，每21天至少重访一次，每

5.4 卫星测高技术

图 5-9 SWOT 卫星(图片源自 NASA/JPL-Caltech)

天发送大约 1TB(1024GB)的未处理数据。卫星的主载荷是名为 Ka 波段雷达干涉仪的创新仪器,这标志着重大的技术进步。KaRIn 从水面反射雷达脉冲,并使用位于卫星两侧的两个天线接收返回信号。这种安排(一个信号、两个天线)将使工程师能够一次精确地确定两条各宽 30 英里(约 50km)的波束上的水面高度。SWOT 任务为期 3 年,入轨后,在进行大约 6 个月的一系列检查和校准后,SWOT 正式投入运行。

5.4.2 卫星测高基本原理

卫星测高仪是一种星载的微波雷达,它通常由发射机、接收机、时间系统和数据采集系统组成。卫星测高技术就是利用这种测高仪来实现其功能的,如图 5-10 所示。它的基本原理是:利用星载微波雷达测高仪,通过测定微波从卫星到海面星下点再反射回来所经过的时间来确定卫星的高度,根据已知的卫星轨道和各种改正来确定某种稳态意义上或一定时间尺度平均意义上的海面相对于参考椭球的大地高或海洋大地水准面高。

如图 5-11 所示,卫星作为一个运动平台,其上的雷达测距仪沿垂线方向向地面发射微波脉冲,并接收从地面(海面)反射回来的信号,卫星上的计时系统记录雷达信号往返传播时间 Δt,已知光速值 c,则可得雷达天线相位中心到瞬时海面的垂直距离。雷达波束到达海面的波迹半径为 3~5km,因此,测高仪测得的距离相当于卫星天线相位中心到这个半径为 3~5km 的圆形区域海面的平均距离。

卫星到海面距离计算式为:

$$h_a = \frac{ct}{2} \tag{5-22}$$

式中,c 为光速,t 为传播时间。卫星测高的基本观测方程为:

$$h_s = r_s - r_p - \frac{ct}{2} + \frac{r_p}{8}(1 - \frac{r_p}{r_s})e^4 \sin^2 2B + \varepsilon \tag{5-23}$$

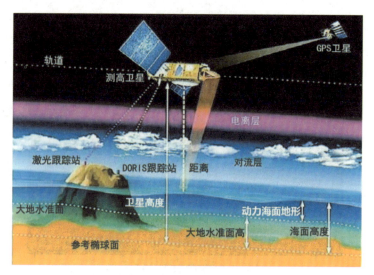

图 5-10 卫星测高示意图

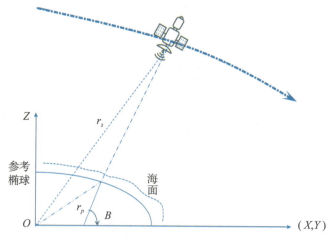

图 5-11 卫星测高几何原理图

式中，e 为椭球第一偏心率；h_s 为卫星相对瞬时海面的高度；r_s 为卫星的地心距（由卫星的位置取得）；r_p 为卫星星下点（卫星在平均地球椭球面的投影点）P 的地心距；B 为大地纬度；ε 为观测误差。

由于测高卫星在工作过程中受到各种客观因素的影响，其观测值不可避免地存在误差，因此要使用观测值必须先进行各种地球物理改正以消除误差。这些改正包括仪器校正、海面状况改正、电离层效应改正以及周期性海面影响改正等。只有经过改正之后的 h_a 才有意义。卫星至所选定的平均椭球面之间的距离（即大地高）H 可以根据卫星的精密轨道数据得出，当精确求得 h_a 后可确定海面高 h_0。

5.4.3 卫星测高技术的应用

1. 大地测量学

确定地球形状及其外部重力场是大地测量学的基本任务之一。海洋占地球表面积的71%，全球重力场的确定在很大程度上取决于海洋重力场的确定。卫星测高是确定海洋重力场精细结构的最经济有效的手段。利用卫星测高数据可确定高分辨率的大地水准面，继而精密确定地球形状，使实现全球高程基准统一成为可能。利用卫星测高数据可直接或间接确定海洋重力场的其他参考量，如重力异常、垂线偏差等，这些成果使得大地测量在实现其基本任务和科学目标的进程中有了突破性进展。

测高数据反演海洋重力异常的方法。早些时候，人们忽略海面地形的影响，将测高的平均海面高看作大地水准面高。目前利用逆Stokes公式反演重力异常的计算过程趋于精细。利用波数相关滤波、方向敏感滤波等方法，力求排除测高数据中的各种非静态信号和海面地形影响，以求得到比较纯净的测高大地水准面"观测值"，再用逆Stokes公式求解重力异常，最小二乘配置法也被用来计算海洋重力异常，通常用于局部海域的计算。

测高数据计算海洋大地水准面的数学模型。由测高数据确定大地水准面的方法有很多：如简单求解法，即简单地从平均海面中扣除海面地形模型的影响，从而得到大地水准面，这种方法求得的大地水准面精度较低。纯几何求解法，从卫星测高的几何观测模型出发，利用海面高、大地水准面高与卫星高(卫星至参考椭球的距离)的几何关系来求解大地水准面。整体求解法，它是从卫星轨道的力学模型和运动方程出发，同时求解大地水准面、稳态海面地形和卫星的轨道误差。更为实用的方法是逆Stokes方法、垂线偏差法和最小二乘配置法。

2. 地球物理学

利用测高数据可反演海底地形构造与深部地球物理特征。海洋大地水准面短波起伏可提供有关海底矿藏信息。海底地壳密度和海水密度的显著反差仅反映在海洋大地水准面的短波起伏中，由滤去长波的海洋大地水准面或由顾及了潮汐和大气压力影响的平均海面可以检测出海底地形。测高重力异常可以反映研究区域板块相互作用的特点，其高频成分可以刻画各海盆的构造特征。测高空间重力异常也可勾勒陆架构造及盆地分布，反演Moho面埋深，再从均衡重力异常/大地水准面起伏推算小尺度地幔流应力场。

利用地球物理方法可反演海底地球深部结构、研究地幔对流及板块运动等。卫星测高数据可应用于研究海洋地壳构造。高精度高分辨率重力异常在深部地质与地球物理研究方面的应用：利用重力异常配合海洋地球物理数据资料(如地震体波、面波成像，磁力异常的综合解释等)，通过调和系数法来研究地壳与岩石圈的厚度与挠曲。

3. 海洋学

卫星测高在海洋学中的应用主要包括：海洋自身的研究和气候与海洋运动的相互影

响。大洋环流由海水的水平压力梯度引起，表现为海平面高相对于大地水准面的倾斜和起伏。稳态海面地形形成地转流，决定稳态平均洋流。由卫星测高能确定海面地形，这对于研究海洋环流特别有用。利用测高数据建立海潮模型是卫星测高的另一重要应用。

4. 全球环境变化与监测

利用卫星测高可进行海面波浪分析和预报，还可反演估计海面风速场。卫星测高已成为监测全球海洋海况的重要技术。卫星测高技术可以用来监测海平面变化，也可以用来测定冰面高改变和冰盖质量均衡。卫星测高数据可以研究大气效应、海洋气象学以及海洋的环境特征对气候的影响及其相互作用。卫星测高是监测海洋动力现象的一种极为重要的工具，同时也是海-气模型预测中非常重要的数据源，可为全球性灾害的海洋现象，例如厄尔尼诺、拉尼娜、北大西洋涛动或太平洋十年涛动等的预报提供分析依据。

5.4.4 卫星测高的误差来源及改正

由于测高仪发射的脉冲信号在经过海洋表面反射返回接收机之前，受到多种因素的影响，根据误差来源不同，将误差分为三类，即卫星轨道误差、环境误差、仪器误差。

1. 卫星轨道误差

引起轨道误差的主要误差源可以分为四类：地球重力场模型、大气传播延迟、光压、跟踪站坐标误差。

1）地球重力场模型

由于所有的星体都并非均匀密度分布的球体，通常为扁球体加上各种形变，所以由此产生的引力位将不同于球形引力位。为了精确地确定重力对卫星轨道的影响，需要用一个很高阶次的球谐展开函数来描述摄动的周期性特征。

2）大气传播延迟

轨道高度处的大气影响是用空气密度的经验公式与已知的卫星形状和定向来计算的，这与实际的大气影响有差异。

3）光压

当受到太阳照射时，卫星表面吸收或者反射光子，这会产生一个微小作用力，与其他的非保守力摄动不同，这个力称为太阳辐射压力，是由卫星的质量和表面积决定的。

地球受到太阳辐射后，除了自身吸收一部分热量外，地面或海洋面将反射一部分太阳能量，同时地球自身还有热辐射，所以卫星将受到地球光辐射压力（来自太阳光的反射）和红外辐射压力。

4）跟踪站坐标误差

不能准确确定跟踪站相对于地球中心的位置是这种误差产生的根本原因。激光测卫可以准确确定跟踪站坐标相对于地球中心的位置。

此外，卫星轨道误差还受固体潮汐、海洋潮汐等因素的影响。

2. 环境误差

1）电磁偏差

雷达测高仪量测的是卫星至海面的距离，这个值是相对于反射海面的平均值。由于海面波谷反射脉冲的能力优于波峰，造成回波功率的重心偏离于平均海面而趋向于波谷，此偏移称为电磁偏差或海况偏差。

2）电离层折射误差

当测高卫星信号穿过电离层时，会产生折射效应，导致信号传播产生时延。电离层的折射率与大气电子密度成正比，与通过的电磁波频率平方成反比。电离层的电子密度随太阳及其他天体的辐射强度、季节、时间以及地理位置等因素的变化而变化，其中太阳黑子活动强度的强弱影响最大。电离层改正可用双频微波仪器直接量测得到。T/P 卫星采用双频微波进行电离层改正。

3）对流层影响

电波信号通过大气层时，由于大气折射率的变化，传播路径会发生弯曲。由于对流层中的物质分布在时间和空间上具有较大的随机性，因而使得对流层折射延迟亦具有较大的随机性。

4）逆气压改正

大气压的变化将引起海面变化，而且是逆压的，即气压增高，海面降低，反之亦然。它们之间的关系假设为：海面上的气压变化为 1MPa 时，海面高的变化为 1cm。

3. 仪器误差

1）跟踪系统偏差

这种误差是由回波信号波形中离散采样点的校准偏差引起的。这种回波信号波形使用机载跟踪算法，该算法假设测高仪的高度成线形变化（匀速）。而实际情况并非如此，当测高仪的高度有一个加速度时，如测高仪经过一个窄的海沟上空时，必须补偿一个相应的高度误差。

2）波形样本放大校准偏差

接收信号的放大程度随着监视表面的剖面变化而变化，这将导致波形样本放大校准产生偏差。一种自动放大控制器用于信号衰减校正，但回波信号强度的快速变化将使得跟踪脉冲的上升边位置的回路产生错误，从而导致了这一偏差。

3）平均脉冲形状的不确定性与时间标志偏差

用于计算平均回波的脉冲是随机变化的，返回脉冲形状的偏差就因此产生。不确定因素有：平均后所剩的残差导致的量测噪声，微波仪部件的老化导致的测量误差，长期的钟漂导致的测量误差（钟漂可以将测高仪上的钟同一些参考钟比较得到）。由于仪器老化而导致的高度测量偏差可利用测高仪内部校正模式来补差。此外，仪器偏差还包括定点误差、天线采集模式偏差等。

5.4.5 卫星测高反演全球海洋重力场和海底地形模型进展

1. 全球海洋重力场模型

1995年GeoSat卫星大地测量任务(GM)数据全面解禁前,大地测量学界对海洋重力场技术理论进行了丰富的尝试与探索,涌现出许多不同的技术方法。1985年GeoSat发射之前,有学者利用SeaSat与Geos-3卫星数据开展了海洋重力场反演研究,这些研究为早期低阶重力场位系数模型的研制提供了重要支撑。南半球GeoSat数据分批次公开后,人们利用GeoSat数据获取了更精细的区域和全球重力场。这段时间,基于逆Stokes公式与基于逆Vening-Meinesz公式的反演方法分别得到尝试与应用,快速傅里叶变换技术在海洋重力场反演中得以应用,海洋重力场反演有了雏形。

1995年GeoSat/GM数据公开至2010年CryoSat-2卫星发射前,海洋重力场构建中深度应用了GeoSat/GM与ERS-1数据,人们开始建立全球最高$1'\times1'$分辨率的海洋重力场。GeoSat与ERS-1两颗卫星GM数据的发布,大大提高了海洋重力场反演分辨率,同时应用GM数据反演海洋重力场的技术得到快速发展并不断趋于稳定。2000年前后,国际上较有代表性的海洋重力场模型包括美国斯克利普斯海洋研究所(SIO)的S&S模型,以及丹麦科技大学(DTU)的KMS98、KMS02模型等。这些模型首次达到$1'\times1'$或$2'\times2'$的分辨率。SIO与DTU进一步对SeaSat、GeoSat卫星数据进行重跟踪处理,更新得到的SIOSSV17与DNSC07海洋重力场模型,应用于地球重力场位系数模型EGM2008的研制。

2010年始,CryoSat-2为海洋重力场构建提供了全新的、更高精度的数据源,后续Jason-1、Jason-2及SARAL各自的GM数据又为海洋重力场反演注入了更多高质量观测数据。CryoSat-2作为近极轨卫星,几乎覆盖全球所有海域,且其测距精度与定轨精度相较于GeoSat与ERS-1大为提升,对海洋重力场反演具有重要意义。Jason-1与Jason-2在寿命末期分别执行了14个月与2年的GM任务。SARAL于2016年7月开始运行至倾角为98°的漂移轨道,根据一些文献的研究,SARAL在轨运行多年后,它对于海洋重力场反演的贡献在上述卫星中占比最大。

我国诸多机构持续开展区域或全球海洋重力场反演研究,如利用不同测高卫星观测资料反演了中国海域及邻近海域海洋重力异常,使用CryoSat-2、SARAL、HY-2A等卫星数据反演得到南海海域(0°—30°N,105°—125°E)$1'\times1'$分辨率的重力场以及反演得到$1'\times1'$分辨率的中国近海和全球海洋重力场。

2010年后,国际上发布的诸多海洋重力场模型中,以SIO与DTU持续更新发布的$1'\times1'$分辨率的全球海洋重力场模型最为典型。

DTU发布的海洋重力场模型主要包括DTU10、DTU13、DTU15及DTU17。DTU10在DNSC08基础上,对所有ERS-2与EnviSat数据进行重跟踪,并将该系列模型更名为DTU模型。DTU13融合CryoSat-2及Jason-1/GM观测数据,所使用GM测高数据较DTU10增加3倍。DTU15模型对CryoSat-21B级波形数据进行重跟踪,使用5年

CyroSat-2 及 Jason-1/GM 任务数据，进一步提高了模型在北冰洋海域的精度。DTU17 模型专注于海岸及北冰洋重力场的改进，融合了 2016 年 SARAL 漂移轨道数据，并改进了 CryoSat-2 在北极区域的处理。评估发现，受精度影响，相对于后续 GM 任务卫星，GeoSat/GM、ERS-1 对海洋重力场的构建几乎无贡献，因此，DTU17 摒弃了 GeoSat/GM 与 ERS-1 的数据。

2010 年后，SIO 海洋重力场模型的主要版本包括 SSV23.1、V28.1，以及 2021 年的 V31.1。SSV23.1 主要使用 GeoSat/GM、ERS-1、CryoSat-2 及 Jason-1/GM 数据。V28.1 模型主要融合的 GM 数据包括 CryoSat-2、Jason-1/GM、Jason-2/GM 与 SARAL 的数据。相似地，V28.1 模型研制中比较了 GeoSat、ERS-1、CryoSat-2、Jason-1/2、SARAL 各自 GM 任务对海洋重力场模型构建的贡献，发现相较于后续任务数据，GeoSat 与 ERS-1 对于海洋重力场模型的贡献很小，因此 V28.1 及后续模型的研制未包含这两颗卫星的数据。

2. 全球海底地形模型构建

海底深度对于地球和生物科学研究极其重要，然而仅有 15% 的海洋区域利用船载探测方法进行了精细空间分辨率（<800m）测绘。鉴于重力异常变化与海底地形在某些频段存在高度相关性，卫星测高成为全球海底地形探测的重要手段。SeaSat 数据发布后，众多学者对卫星测高数据反演海底地形的可行性进行了研究，继而开发出卫星测高海面坡度与海底预测深度的转换模型，构建了首个空间分辨率近乎统一（约 15km）的 72°S—72°N 全球深度网格。利用卫星测高数据反演海底地形的基本方法包括重力地质法、导纳函数法、Smith 和 Sandwell 法、基于垂直重力梯度异常的频域方法、最小二乘配置法等。随着卫星测高数据的不断丰富，利用上述方法并结合船载测深等多源深度数据，形成了基于测高数据的多个系列海底地形模型，扼要归总如下。

1）Sandwell 模型

SIO 的 Sandwell 教授团队自 1994 年和 1997 年发布 SIO-V5.2 和 SIO V7.2 后，不断更新模型。2008 年基于 V16.1 全球海域重力模型，反演发布了 SIO-V11.1 海底地形模型；2011 年利用 V20.1 全球重力场模型（包括近 2 年的 CryoSat-2 测量数据、一年半的 EnviSat 数据及 120 多天的 Jason-1 数据）反演构建了 V14.1 海底地形模型；2013 年基于 V22 重力场模型（含 CryoSat-2、Jason-1 及 EnviSat 所有新数据，重力精度提高约 2 倍）反演海底地形，建成 V16.1 版本；2014 年利用 V23 全球重力场模型反演海底地形，新增大约 111 个多波束测线数据，形成了 V18.1；2020 年使用 V29.1 版本重力数据，进一步优化向下延拓滤波器参数，发布了 V20.1。最新的 V23.1 模型于 2021 年发布，是当前公认的精度最高的全球海底地形模型。

2）ETOPO 模型

2001 年美国国家地球物理数据中心（NGDC）发布 2′×2′ 网格的全球地形模型 ETOPO2，其中 64°N—72°S 海底地形数据源自海底地形模型 SIOV8.2。2008 年 NGDC 基于大量相关模型和实测区域数据，通过融合全球陆地地形和海洋深度数据，建成 1′×

1′网格的 ETOPO1 海底地形模型。最新的 ETOPO 2022 取代了以往的 ETOPO1，成为最新的发布版本。ETOPO 2022 具有增强的 15 弧秒分辨率，它结合了自 2010 年 ETOPO1 发布以来数据源和处理技术的最新进展。ETOPO 2022 模型使用了来自美国的众多机载激光雷达、卫星测高和船载测深数据集的组合。该模型采用最先进的计算方法，包括机器学习，来识别和纠正数据错误（如由不同数据源的拼接引起的接缝，由仪器和后处理错误引起的点伪影，由数字表面模型中的密集植被和城市结构引起的高程偏差），以提高 ETOPO 全球地形模型的相对和绝对水平的地理位置和垂直精度。该模型还使用来自 NASA ICESat-2 和其他经过审查的数据源的大规模裸露地球地形数据来独立验证输入数据集，并生成最终的 ETOPO 2022 模型。

3）SRTM 模型

2009 年 SIO 等联合发布了 30″格网的全球地形模型 SRTM30+，其中海洋区域水深信息主要利用水深测量数据和 SIOV11.1 版本的重力场模型获取的重力/地形比例因子，采用回归技术反演获得。2014 年发布的 SRTM15+V1.0，格网分辨率为 15″，它基于 V24.1 测高反演海底地形，包括源自 CryoSat-2 和 ICESat 的格陵兰和南极洲冰地形，以及源于 CryoSat-2 和 Jason-1 的海洋测深。2019 年 SRTM15+V1.0 升级为 SRTM15+V2.0，采用的测高反演海底地形模型版本为 V27.1，新增测高数据包括 48 个月的 CryoSat-2、14 个月的 SARAL 和 12 个月的 Jason-2 观测数据，使海面重力异常恢复的最小波长提高 1.4km，且测高预测深度精度略有提高。

4）GEBCO 模型

GEBCO 是联合国教科文组织下属的大洋水深制图项目。2008 年发布包含 SRTM30+模型和 SIOV11.1 海底地形模型的 GEBCO_2008 模型，格网分辨率为 30″。2014 年基于多波束数据格网化和卫星测高重力反演水深融合生成 GEBCO_2014 模型，格网大小为 30″，其中约 18% 的格网数据基于多波束和单波束水深控制数据。2019 年以 SRTM15+V1.0 版本作为先验模型，构制了格网为 15″的海底地形模型 GEBCO_2019。2020 年发布 GEBCO_2020 网格，以 SRTM15+V2.0 版本为基础，空间分辨率为 15″。最新发布的为 GEBCO_2021 模型，格网分辨率仍为 15″。

5）武汉大学模型

武汉大学模型是由武汉大学李建成院士团队构建的系列模型。2014 年利用 1′×1′的 SIOV20.1 重力异常垂直梯度数据，联合 NGDC 发布的船测水深数据，构建了 75°S—70°N 范围、1′×1′的海底地形模型 BAT_VGG17。2020 年基于新构建的全球卫星测高重力异常模型，使用回归分析方法，联合水深测量资料，建立了 75°S—70°N 范围、1′×1′的海底地形模型 BAT_WHU2020，精度较 BAT_VGG17 模型提高约 30%。

基于卫星测高数据构建的全球海底地形模型还有很多，以上所列系列模型也并不全面，我国在这方面还有不少研究成果，限于篇幅，连同对模型的比较和评估本书均不再赘述。

5.4.6 海洋测高卫星发展趋势

合成孔径雷达高度计（SRAL）继承了传统底视高度计的有限脉冲工作方式，测量过程中发射并接收一系列回波,并对其进行合成孔径处理。相比传统高度计,合成孔径雷达高度计的主要优势包括:方位向分辨率从 2km 提高至 200~300m;信噪比得以提高,利用合成孔径可实现对同一目标的多次观测,信噪比定性提高 10dB 左右;测量精度得以提高,方位向独立观测数的增加和信噪比的提高,使测高精度可以提高 1 倍以上;天线指向偏角对测量的影响减弱,使得对平台姿态稳定性的要求降低。

2010 年发射的 CryoSat-2 卫星采用了首款合成孔径雷达高度计,专注于极地观测。SIRAL 在 Ku 频段以 3 种模式运行:低分辨率模式(LRM);合成孔径雷达(SAR)模式,发射短脉冲的脉冲簇,脉冲间隔从传统雷达高度计的 500ms 提高至 50ms;SAR 干涉仪模式,回波同时由两个天线接收,进行干涉测量。

分别于 2016 年和 2018 年发射的 Sentinel-3A 和 Sentinel-3B 的主要载荷为合成孔径雷达高度计。SRAL 工作于 Ku/C 双频段,包括测量模式、定标模式及支持模式。测量模式又分为 LRM 模式和 SAR 模式。LRM 模式每 6 个 Ku 脉冲之间有 1 个 C 脉冲,旨为充分校正电离层偏差;SAR 模式采用脉冲簇方式,簇周期为 12.5ms,每个簇有 64 个 Ku 频段脉冲,两端各有 1 个 C 脉冲。两种测量模式均有闭环和开环跟踪模式。定标模式用于内部脉冲响应和增益方向图的定标。支持模式主要用于仪器自检,以确定仪器是否存在错误或不正常状态。

2020 年发射的 Sentinel-6 搭载 Poseidon-4 合成孔径雷达高度计。Poseidon-4 采用 Ku/C 双频观测(SAR 模式只在 Ku 频段工作),具有开环和闭环两种跟踪模式,结合使用采集时序和交替时序拥有 9 种独立测量模式。其中 SAR 交替时序优势更突出,它强制将接收回波排列在发射脉冲之间,以增加目标观测次数(样本数为 Sentinel-3 的 2 倍),再通过沿轨道以约 300m 进行平均,减少热噪声和散斑噪声。交替时序使 SAR 模式可用观测数加倍,重要的是可与 LRM 同时进行,即 LRM 和 SAR 之间无须仪器转换。Poseidon-4 为开环跟踪命令分配了约 9MB 内存,比 Jason-3 的 1MB 和 Sentinel-3A/B 的 4MB 大得多,由此观测目标可以包括更复杂的河流和湖泊。Poseidon-4 校准策略也有改进。

3 款合成孔径雷达高度计已呈现出色的测高能力。以 ERS-1 数据为基础,结合使用 3 个月的 CryoSat-2 数据,所得巴芬湾海洋重力场与 5000 个船载观测值之差的标准偏差约为 5.5mGal,精度比仅用 ERS-1 数据提高 0.7mGal,且沿航迹分辨率提高 5 倍。我国于 2014 年研制成功合成孔径雷达高度计工程样机并进行了机载试验,其测高精度比传统高度计可提高 1 倍。总体上,合成孔径雷达高度计性能显著优于传统雷达高度计,将成为未来测高任务的主流载荷。

2013 年发射的印-法合作卫星 SARAL 的主要有效载荷即为一种 Ka 频段雷达高度计,称为 AltiKa 高度计。AltiKa 仍采用底视高度计的技术体制,但它只有单一 Ka 工作频段。与常见的 Ku 频段或 Ku/C 双频高度计相比,主要技术优势包括:更宽的带宽(480MHz,Jason-2 为 320MHz)使测距分辨率由 Ku 频段的 0.45m 提高至 0.3m;较短的波长使地面足迹变小(直径 8km,Jason-2 为 20km,EnviSat 为 15km),具有更高的空间分辨率;Ka 频段受电离层影响较小,通常为 0.02ns,相当于 3mm 延迟,基本可忽略;

较高的脉冲重复频率(4kHz，Jason-2 为 2kHz)可更好地沿轨道对表面进行采样；海面电磁偏差效应小，有利于提高仪器测量精度；回波信噪比增加，可采用较低的发射功率；回波在上升之后迅速衰减，具有更尖锐的形状；海洋回波的去相关时间更短，使得每秒的独立回波数目比 Ku 频段更多。然而，Ka 频段高度计的缺点也不容忽视：Ka 频段对降雨敏感，较大降雨会导致 Ka 频段测量失效，虽然从海洋降雨的时空分布统计，测量失效一般在 5%以下，但也会造成测量空白；Ka 频段对误指向角更敏感，误指向角回波功率衰减及对波形的影响更大，要求平台指向角为±0.2°。

SARAL 转入 GM 模式后，至 2018 年 12 月采样形成的 4km 大地测量网格约占全球海域的 75%。使用 SARAL 初始精确重复任务单周期 40Hz 海面高数据识别出小至 1.35km 高的海山，表明其测距精度约为 EnviSat 和 Jason-2 的 2 倍，比 CryoSat-2SAR 测高精度高 50%。有研究表明，相比其他高度计，AltiKa 沿轨道测高噪声最小，所用 32 个月数据的噪声比 CryoSat-2 小 1.3 倍，且这些数据在恢复重力场中的作用比 96 个月的 CryoSat-2 数据更重要。总之，AltiKa 类 Ka 频段雷达高度计就恢复大地水准面、重力异常及平均海平面的短波特征而言表现优秀。

合成孔径雷达干涉技术为一项较成熟的技术，已经机载平台多次验证。航天飞机雷达地形任务即采用该项技术获得了全球范围几米精度的地形数据。美国已经发射的 SWOT 卫星系统，主要用于高分辨率测量海面地形和陆地水位，其主要设备为一台合成孔径雷达干涉仪，称为 KaRIn。

KaRIn 工作在 Ka 频段(35.75GHz)，天线子系统由 2 个 5m 长、0.3m 宽的可展开天线组成，位于 10m 长的干涉基线两端。其中，1 个天线发射，带宽为 200MHz；2 个天线同时接收雷达回波。通过合成孔径处理，沿航迹方向的空间分辨率理论上约为天线长度的一半，即 2.5m。KaRIn 的期望测高精度为 50cm，在 1km×1km 海面网格内平均后达 2~3cm。

KaRIn 有两种工作模式：海洋低分辨率模式，具有在轨处理功能，以减少数据量；陆地区域高分辨率模式，专注于水文学研究。KaRIn 在天底点轨迹的左右刈幅之间存在测量空白，因此 SWOT 配备 1 台传统底视高度计测量空白区的高度。为解决底视高度计覆盖范围和 KaRIn 刈幅覆盖范围之间的数据空白，计划搭载近天底点干涉测量实验组件，接收从近天底点表面反射的 KaRIn 信号，并与 KaRIn 天线接收信号执行干涉测量。

GNSS-R 是利用地球表面反射的 GNSS 信号进行对地遥感探测的新技术，具有全球快速覆盖和重访的技术优势。利用 GNSS-R 技术测量海面高度可用于改进传统天底雷达高度计的时空采样率。后来的岸基、机载及气球实验证实了 GNSS-R 测高和散射测量的可行性。

有研究从 1994 年发射的星载成像雷达-C 卫星的采集数据中首次提取到地球表面反射的全球定位系统信号，开启了 GNSS-R 技术星载验证和应用的新篇章。2003 年，英国萨里卫星技术有限公司(SSTL)将灾害监测星座卫星的全球定位系统接收机进行改装，配以天底指向高增益天线，证实了星载接收机接收海面、冰面、陆面全球定位系统反射信号的可行性，并利用接收到的少量原始采样数据对海面风场、土壤湿度、海冰的敏感性进行了探索性研究。英国于2014年6月发射了搭载SSTL接收机的TechDemoSat-1，首次在轨获取了全球定位系统L1C/A码DDM数据集，主要验证了GNSS-R海面风速及粗糙度测量的可行性，并对数字高程模型、海洋测高和冰面高度测量的可行性等进行了验证。美国航天局于2015年1月发射的土壤水分主动/被动卫星任务，因L波段雷达发射机出现故障，利用星上硬件设备进行了土壤水指数和地上生物量评估等GNSS-R实验。美国航天局于2016年12月发射了一个由8颗卫星组成的CYGNSS小卫星星座，主要用于研究热带气旋和热带对流。有研究者利用CYGNSS星座采集的原始数据集，评估了GNSS-R海洋测高性能，表明采用1s全球定位系统和伽利略卫星导航系统群延迟观测量，测距精度可达3.9m和2.5m。2019—2021年发射的Spire、3Cat-4、3Cat-5A/B和PRETTY卫星(星座)，以及我国的捕风-1A/B双星和风云三号E卫星均搭载了GNSS-R设备，可进一步为GNSS-R测高研究和试验提供丰富的样本数据。

GNSS-R测高技术通过测量地球表面反射的GNSS信号与GNSS直达信号之间的时延差，反演反射面相对于参考椭球面的高度。该技术发展至今，根据时延观测量的不同可分为群延迟测高技术和载波相位测高技术，其中群延迟测高技术又分为传统群延迟测高技术和干涉测高技术。GNSS-R传统群延迟测高技术利用同一公开的民用码与GNSS直达、反射信号分别相关，从而获取二者的时延差。该技术受限于码信号的带宽，且只能跟踪导航系统公开且测量精度较差的码型，其星载测高精度为米级。干涉测高技术将GNSS直射信号与反射信号直接相关，利用生成的干涉相关功率波形计算二者的时延差。由于GNSS直射与反射信号均调制有相同的高精度的P(Y)码，干涉测高技术的星载测高精度仿真结果为分米级，欧洲航天局原计划于2020年开展GEROS-ISS项目对该技术进行星载验证，后因故推迟，目前国际上尚未对该技术进行星载验证。载波相位测高技术利用GNSS反射信号与直射信号的相位跟踪结果计算二者的时延差，星载GNSS-R载波相位测高精度可以达到厘米级。有研究者使用CYGNSS卫星的全球定位系统和伽利略卫星导航系统的观测数据进行了掠射载波相位海面测高，精度在20Hz采样时为3cm/4.1cm(中值/平均值)，在1Hz采样时为厘米级，与专用雷达高度计相当；包括系统误差在内的综合精度在50ms积分时为16cm/20cm(中值/平均值)，在1s时为几厘米。有研究组利用Spire卫星观测的初始掠射角GNSS反射数据，采用双频相位测量值进行测高反演，海冰区域在消除偏差后与海面高模型之差的RMS为3cm，开阔海域的RMS约在14cm以内。GNSS反射信号载波相位连续跟踪条件极苛刻，要求GNSS反射信号以相干分量为主，应用中通常利用低仰角GNSS信号降低海面粗糙度对GNSS反射信号载波相位的连续跟踪的影响，且风和浪应低于6m/s和1.5m有效波高，这极大地限制了其应用领域。尽管如此，通过卫星轨道和GNSS-R接收机硬件的优化设计，并结合其他反演技术，GNSS-R厘米量级测高精度具有诱人的发展前景。

测高卫星组网的目的是提供高时间分辨率、高空间分辨率的高精度测高产品。迄今真正意义的天底雷达高度计测高卫星组网未曾实施，可能是由于小卫星难以容纳雷达高度计天线或大型星座成本过高。类似T/P和Jason-1、Jason-1和Jason-2、ERS-1和ERS-2的同轨串联运行阶段只能认为是一种非刻意的简单组网。

美国约翰斯·霍普金斯大学应用物理实验室曾提出水面坡度地形和技术实验测高卫星星座计划，星座由 3 颗位于同一轨道面相距几十至几百千米的小卫星组成。每颗卫星搭载雷达高度计等测高载荷，其地面轨迹因地球自转呈跨轨向排列，轨迹间距取决于卫星之间的距离，由此可以实现跨轨道和沿轨道海面高梯度的二维测量，极大地丰富了海面高观测信息。该星座按有利于密集空间覆盖、相对紧密时间覆盖或其他优先级建立了 4 种测量模式：①高空间分辨率模式，卫星轨道间隔约 200km，时间间隔小于 1min，地面轨迹间距为 24km，支持以大约相同的分辨率测量沿轨道和跨轨道的海面梯度；②均匀密集空间覆盖模式，卫星轨道间隔约 900km，时间间隔约 4min，地面轨迹间距为 53km，是观测海洋涡旋场的最佳间距；③高时间分辨率模式，卫星轨道间隔 2600km，后一卫星轨迹严格覆盖前一卫星轨迹，重访周期为 3d 和 6d；④特殊覆盖模式，一个高度计执行固定的精确重复任务，其他高度计按需移动到指定的科学、军事或自然灾害应用区域。

法国国家空间研究中心提出小型水文测高卫星星座计划，旨在近实时监测全球河流和湖泊水位变化供气候预报和研究。星座由 10 颗 50kg/50W/27U 级小卫星组成，位于太阳同步轨道。每颗卫星搭载天底高度计和精密定轨系统，获取 10cm 精度的海面高。星座能够监测窄至 50m 宽的河流和小至 100m×100m 的湖泊。该星座与 SWOT 等宽刈幅测高任务高度互补，共同以较短时间提供几乎完整的空间覆盖。

有学者提出采用两个宽刈幅高度计的组网计划，以极大提高海洋监测和预报能力。模拟分析表明，与目前 3 个底视高度计(Sentinel-6 和 Sentinel-3A/B)同时在轨运行相比，海面高分析和 7d 预报误差在全球范围内减少约 50%，分辨率由约 250km 提高至接近 100km。

一些学者对微纳卫星组网测高进行了探讨，认为要达到厘米级精度还面临众多难题，但通过减少有效载荷功能、优化载荷结构降低重量和功耗、引入在轨处理降低数据速率、最小化或抑制平台冗余等措施，可将整个卫星重量和功耗降至 45kg/70W，其中的精度损失则通过增加观测量予以弥补。其实，如前文介绍的 CYGNSS、Spire 和 PRETTY 等，微纳卫星组网在 GNSS-R 中已得到诸多应用。

有学者根据实际需求提出了双星跟飞测高全球海域重力场测量模式，旨在于相对较短的时间内获取全球海域 1′分辨率、精度为 2~3mGal($1mGal = 10^{-5}m/s^2$)的海洋重力异常。两颗卫星位于同一轨道面，前后相距 30km(约 4s)，同时对海面进行观测。若卫星选择太阳同步近圆轨道，平均轨道高度为 900km，轨道倾角为 98.99°，回归周期设为 172d，考虑地球自转因素，两颗卫星的瞬时地面轨迹间距为 1′，单颗卫星的轨迹间距为 2′，顾及小周期间的转移时间，以及升轨、降轨等因素，理论上双星跟飞测量大约 2.3a 后可完成 1′轨道间距全球覆盖，4.6a 时间可得到两次重复的地面轨迹覆盖。卫星测高反演重力场的经典做法是利用海面高差求解垂线偏差，然后进一步计算重力异常和大地水准面高等。显然，海面高差的测量精度最为关键。双星跟飞测高模式的出发点为，利用双星同时测量沿轨道和跨轨道的海面高差(或梯度)，此时轨道误差表现为星间或单星历元间的相对轨道误差(从单星的约 5cm 降为约 1cm)，而大气传播和地球物理效应等长周期改正，对于地面轨迹间距只有 2km 的双星而言近似相等，在海面高差中几无体现，因此海面高差的精度相比于传统的单星测量有显著提高。假设采用精度约为 2cm 的合成孔径雷达高度计，双星海面高差的测量精度将优于 4cm，由此经过 5 年以上的双星在轨测量，完全可以实现 2~3mGal 的海洋重力异常测量目标。

第6章 卫星重力探测

6.1 概述

卫星重力测量是利用重力卫星测定地球重力场及其变化的一种时空测量理论和技术。由于地球的重力场变化,重力卫星会发生高度变化和轨道摄动,人们利用卫星上的传感器来感应这种变化,并以此来确定真实的地球重力场。因此,卫星重力测量技术是确定地球重力场及其时空变化特征的一切空间测量技术的总和。卫星重力测量技术发展可分为三个时期:

第一时期,20世纪60年代之前,称之为光学测量技术时期,主要方法是对卫星进行摄影,然后利用天固或者地固坐标系以及卫星三角测量技术进行坐标转化,最终确定卫星坐标。苏联在1957年发射的全球第一颗人造卫星,正式开启了人类的"天空时代"。

第二时期,人们发展了卫星对地观测技术和地面跟踪技术(20世纪60年代—20世纪末),包括激光测卫、合成孔径雷达、多普勒卫星精密定轨系统、卫星跟踪卫星技术、卫星重力梯度技术和海洋卫星测高技术等。LandSat 和 SPOT 卫星为典型代表。

第三时期,从21世纪开始,卫星重力测量的发展如表6-1所示,地球重力场模型提高到厘米级。21世纪以来,重力卫星计划主要有3种,分别是 CHAMP、GRACE 和 GOCE 卫星。CHAMP 卫星为德国地学研究中心(GFZ)研制,GRACE 卫星为美国航天局和德国空间飞行中心(DLR)联合研制,GOCE 卫星为欧空局研制。现阶段 GRACE 任务是由 GRACE-FO 卫星接续。

表6-1　　　　　　　　　　近期卫星重力测量发展

时间/年	发展情况
2000	德国地学研究中心研制的 CHAMP 卫星成功发射
2002	美国航天局和德国地学研究中心共同研制的 GRACE 双星发射成功
2009	欧空局研制的 GOCE 卫星发射成功

续表

时间/年	发 展 情 况
2018	美国航天局和 GFZ 合作的 GRACE-FO 卫星发射成功
2019	中国科学院的微重力技术实验卫星发射成功
2019	中山大学研发的"天琴一号"发射成功
2020	清华大学的重力与大气科学卫星发射成功
后续	东方红卫星有限公司、华中科技大学、中山大学等联合研制"天琴二号"

CHAMP 于 2000 年 7 月成功发射，采用高低卫卫跟踪模式，轨道近似圆形，轨道倾角为 87.3°，轨道高度在 300~450km 范围内，空间分辨率为 200km，能够以 10cm 的精度实现精确定轨，其定轨原理是利用全球定位系统的高轨道数据对较低轨道的 CHAMP 卫星进行测量。预计工作寿命为 10 年，2010 年 9 月坠毁。

GRACE 在 2002 年 3 月 17 日发射成功，为双星，是 SST-HL 模式的首次实现，采用 K 波段精密测距系统对卫星位置状态进行时刻监测，同时采用轨道摄动数据推算出摄动异常信息。

GOCE 发射于 2009 年 3 月，现已不再作业，主要采用高低卫卫跟踪技术，是全球第一颗重力梯度测量卫星。

我国目前已经在着手进行自己的重力卫星计划研究，2019 年在酒泉发射了微重力技术实验卫星，2020 年重力与大气科学卫星也成功发射，"天琴一号"于 2019 年发射成功，预计在 2025 年发射"天琴二号"。我国自主研发的这些重力卫星具有巨大本土优势，对我国的国防建设、大地测量、海洋探测、地质学等具有重要意义。

6.2 CHAMP 卫星

CHAMP 卫星计划是由德国空间管理局支持、德国地学研究中心的科学家于 1994 年提出的小卫星计划，主要用以改善地球重力场和磁场模型。CHAMP 卫星于 2000 年 7 月 15 日 12：00（UTC）在俄罗斯的 Plesetsk（62.5°N，40.3°E）用 COSMOS 火箭发射升入 454km 高的第一轨道（圆轨道），并于 2001 年 2 月 11 日实现第一次掩星观测。经过几年的运行，现在已经取得高质量的数据和分析结果。从 2001 年中期开始，已经以有效且友好的方式向广大用户发送各种类型、各种层次的观测数据，其中包括：轨道和重力处理系统（SOS-OG）、电磁场处理系统（SOS-ME）以及大气/电离层剖面系统（SOS-AP/IP）。卫星设计寿命为 5 年，用户可以有多年高精度数据流用以进行地球科学和大气科学的研究。

CHAMP 卫星主体为正四棱体，长约 4.3m，高 0.75m，下底边宽约 1.6m，上底边宽 0.4m，卫星从底部伸出一个长约 4m 的悬臂，指向卫星飞行方向。CHAMP 卫星性能指标见表6-2。

表6-2　　　　　　　　　　　　CHAMP卫星性能指标

参　数	指　标
卫星质量/kg	522，其中推进剂质量30，有效载荷质量32
几何尺寸	4333mm×1621mm×750mm
面积质量比/(m^2/kg)	0.00138
姿态控制	三轴姿态稳定，地球指向
太阳电池功率/W	150
星上电池	镍氢电池，容量16A·h
设计寿命/a	5
轨道	太阳同步轨道，高度454km，倾角87°，周期94min
姿态控制精度	优于2°
星上数据存储能力/Gbit	1
数据传输	下行频率2.28GHz，数据率1Mbit/s
遥测、跟踪与指令	上行：2.093GHz，4kbit/s 下行：2.28GHz，32kbit/s

　　CHAMP卫星主要有效载荷包括双频高精度全球定位系统接收机、空间三轴加速度计、先进恒星罗盘、磁强计组合系统、数字离子偏流计和激光后向反射器等。

　　"双频高精度全球定位系统接收机"由美国航天局喷气推进实验室研制，定位精度可达厘米级。它配备4副接收天线，1副指向天顶方向，1副指向天底方向，2副指向卫星尾部，具有跟踪、掩星和测高3种工作模式。

　　"空间三轴加速度计"由法国国家航空航天研究局（ONERA）研制，目标是测量卫星受到的所有非重力加速度（阻力、太阳和地球辐射压），高精度地确定地球重力场变化对卫星轨道的影响.

　　"先进恒星罗盘"由丹麦技术大学研制，为卫星和星上仪器提供姿态基准：CHAMP卫星采用2部先进恒星罗盘系统，每部由2台相机和1个共用的数据处理单元组成。2部先进恒星罗盘分别安装在悬臂和卫星本体上，安装在悬臂上的"先进恒星罗盘"提供磁场矢量测量所需的高姿态精度；安装在卫星本体上的"先进恒星罗盘"提供空间三轴加速度计和数字离子偏流计所需的高姿态精度。

　　"磁强计组合系统"由1部"质子旋进磁强计"、2部"磁通门矢量磁力仪"以及为"磁通门矢量磁力仪"提供姿态信息的星敏感器组成。"质子旋进磁强计"由法国研制，其动态测量范围 16000~64000nT，分辨率 0.1nT，绝对精度 0.5nT，取样速率 1Hz。

"数字离子偏流计"由美国空军研究实验室提供，用于测量卫星周转离子的速度矢量，以及离子密度与温度。利用电场、离子漂移速度和磁场的关系可获得当地的电场强度。"数字离子偏流计"质量 2.3kg，几何尺寸 150mm×128mm×112mm，功率 5W。

"激光后向反射器"由德国地球科学研究中心研制，用于地面对卫星的精确跟踪与测距。"激光后向反射器"由 4 个激光反射器组成，用于反射地面激光测距站发射的激光脉冲，地面激光脉冲持续时间 35~100ps，测距精度 2cm。

CHAMP 卫星的主要科学任务有以下几个方面：

（1）重力研究方面：由全球定位系统星座完成低轨道卫星轨道摄动的连续、精确监测。低轨道卫星上载有高精度的新一代全球定位系统接收器、用于测量表面重力加速度的高精度三轴加速度计，同时有一对确定卫星姿态的摄像装置。

（2）磁场研究方面：卫星搭载一个用于测量环境磁场三个分量的高性能磁通门磁力仪、一对用于测定星体姿态的摄像头、标量磁力仪。

（3）大气层和电离层研究方面：用于观测重力和磁场的仪器同时组成一个很强的传感器组，它可用于地球中性大气层和电离层相关参数的测量；从全球定位系统/CHAMP 无线电掩星测量，可以推导出大气的温度和水汽分布；数字离子漂移计，用于测量电场；全球定位系统/CHAMP 掩星也可确定电离层中的电子密度分布，高分辨率的加速度计可确定 CHAMP 轨道上的大气密度变化。

CHAMP 计划也使用美国喷气动力实验室提供的全球定位系统接收机，如图 6-1 所示，它的后向高增益、螺旋形、多方位天线提高了信号的质量（相比全球定位系统/MET 增加 5db），从而使先进的信号跟踪技术得以应用。从短期上讲，CHAMP 的数据将有助于改善全球定位系统无线电掩星技术和提高对流层的回归算法技术；从长期上讲，将有利于增强全球气候变化的研究能力。

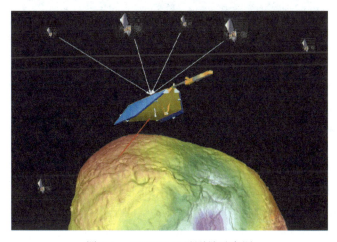

图 6-1　CHAMP 卫星测量示意图

6.3 GRACE 卫星

GRACE 卫星是美国航天局跟德国航空中心的合作项目,是观测地球重力场变化的卫星。通过观测重力场的变化,科学家能推测出地下水的变化。GRACE 卫星于 2002 年升空并开始将重力数据传回地球。而在此前,美国测量地下水只是在地球表面进行,观测对象包括 1383 个采用实时声探的地质调查观测井、5908 个日常读数的观测点,再加上全国数十万个井、沟、洞穴的水位测量作为补充。

GRACE 包含两个完全相同的卫星,大小与小汽车相仿,两颗卫星相隔约 216km,在距离地面 500km 的近极圆轨道上运行。卫星上配置的精密科学仪器,能够精确测量两颗卫星之间的距离(它们通过向对方发射微波来校准彼此之间的精确距离,测量误差不超过人的一根头发),进而侦测出重力场的变化。

按照最初的设想,GRACE 实验会是大地测量学专家的最爱,可被用来研究地球大小、形状和旋转轴变化等。但现在它们涉及的领域日益广阔,气候科学家可以通过它们的数据研究冰层融化,水文学家也意识到能利用它们的数据研究地下含水层。

GRACE 卫星能看到冰川、雪地、水库、地表水、土壤水和地下水的所有变化。它开创了高精度全球重力场观测与气候变化试验的新纪元,也是监测全球环境变化(陆地冰川消融、海平面与环流变化、陆地水量变化、强地震)的有力手段。

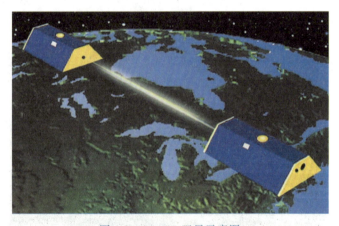

图 6-2 GRACE 卫星示意图

GRACE 重力卫星对地球时变重力场的监测可以达到 15 天的时间分辨率,因此可以较为动态地展示地球重力场信息,任务示意图见图 6-3。美国喷气动力实验室承担 GRACE 的管理任务,而美国喷气动力实验室与德国地学研究中心以及美国得克萨斯大学空间研究所(CSR)三个机构联合承担负责 GRACE 观测数据的处理、分配以及管理。

在 GRACE 地球重力场模型数据中,模型最大阶数约为 100 阶,阶数越高,反映的

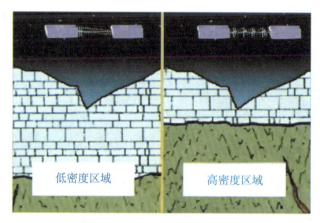

图 6-3　GRACE 探测陆地密度

是地表的复杂结构,而重力卫星位置较高,难以探测出来,因此系数误差越大。同样地,低阶项系数在对重力场数据进行处理时,主要反映的是地球深部物理信息,不能反映地表物理信息,因此精度较低。

GRACE 卫星采用 SST-LL 技术、低低卫卫跟踪模式,轨道倾角为 89°,偏心率小于 0.004,重力场模型通常以月为单位,获得的是月时变重力场模型,空间分辨率为 1°×1°,轨道高度范围为 300~500km。

GRACE 重力卫星数据产品通过科学数据系统(SDS)处理与发布,该系统由美国得克萨斯大学空间研究中心、美国喷气动力实验室和德国航空航天中心(DLR)三大机构组成,SDS 承担的主要任务有科学数据处理、数据归档、产品发布以及产品确认。GRACE 卫星数据主要包括全球定位系统数据、卫星姿态信息、星间距离变率、卫星加速度计数据等。

美国航天局等机构在原来的 GRACE 卫星基础上,研发了 GRACE-FO 这一接续 GRACE 的重力卫星,于 2018 年 5 月 22 日成功发射,如图 6-4 所示。GRACE-FO 计划的主要目标是更高精度地探测中长波时变重力场及中短波静态地球重力场,采用了更先进、更高精度的激光干涉测距仪,用来测量轨道上的星间距离和星间速度。同时为了消除非保守力的作用,提高精度,该卫星采用了非保守力补偿系统。GRACE-FO 在其指定轨道上运行满一年后,相关机构才向全球公布其观测数据。与 GRACE 重力卫星相比,GRACE-FO 轨道离心率、卫星轨道倾角、卫星轨道高度均基本相同。因此,预期 GRACE-FO 卫星数据获取的静态或时变地球重力场精度与 GRACE 卫星较一致。

GRACE-FO 采用高-低和低-低飞行模式(SST-HL),重力场模型达到 66km 的空间分辨率,与 GRACE 相比,将使动态和静态重力场模型的精度提高一个数量级以上,如表 6-3 所示为部分时变重力场模型。同 GRACE 重力卫星的任务类似,GRACE-FO 重力卫星在地球物质迁移等领域将继续发挥作用,以监测冰盖和冰川、地下水、土壤

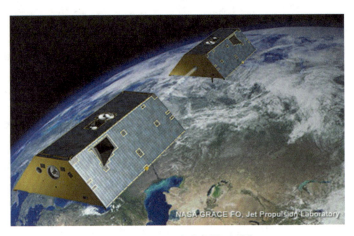

图 6-4 GRACE-FO 卫星示意图（间隔 220km）

湿度、湖泊河流的水量以及区域重力场变化特征等。在地震监测方面，倘若 GRACE-FO 重力卫星比 GRACE 重力卫星提高两个数量级的观测精度，则能够探测出 6 级以上的地震。

表 6-3　　　　　　　　　　部分时变重力场模型

研究机构	模型名称	发布时间
得克萨斯大学空间研究中心	CSRRelease06.1	2023
德国波茨坦地学研究中心	GFZRelease06.1	2023
喷气动力实验室	JPLRelease06.1	2023
法国空间局	CNES_GRGS_RL04	2019
格拉茨科技大学	ITSG-Grace_op	2019
汉诺威莱布尼茨大学	LUH-GRACE-FO-2020	2020
华中科技大学	HUST-Grace2020	2020
中国科学院测量与地球物理研究所	IGG-RL01	2019
同济大学	Tongji-LEO2021	2021

6.4　GOCE 卫星

1. 重力梯度测量原理

自 20 世纪 70 年代末开始，国际大地测量学界的众多研究机构对卫星重力梯度

(SGG)测量原理、技术模式、误差分析、数据处理等开展了大量的数值模拟研究。经过30多年的潜心研究和需求论证,SGG原理已趋向成熟。自20世纪初以来,重力梯度测量原理从早期的扭力测量发展到目前的差分加速度测量。前者通过测定作用于检测质量的力矩来间接获取重力梯度值;后者通过测量两加速度计之间的加速度差来获得重力梯度观测值,可消除加速度计之间大部分公共误差的影响,因此较前者更有发展前景。目前SGG主要采用差分加速度测量原理。

2. 重力梯度仪研究进程

重力梯度测量技术的创新和突破极大地推动了重力梯度仪的迅速发展。随着电子技术、计算机技术、低温超导技术等的发展,重力梯度仪在灵敏度和稳定性方面均有显著提升。重力梯度仪的研究大致经历了从单轴旋转到三轴定向,从室温到超低温(<4.2K),从扭力、静电悬浮到超导的发展过程,仪器灵敏度日益提高。20世纪初期,匈牙利物理学家建立了第一台重力梯度仪(扭秤),主要用于地球表面引力位二阶张量的测量;20世纪中叶,扭秤逐步被易于操作的相对重力仪(如 LaCoste,测量精度 0.5μGal,$1Gal=10^{-2}m/s^2$)替代;20世纪70年代末,美国宇航局提出了SGG的远期重力场飞行计划GravityB,其最终目标是获得空间分辨率25km、重力异常精度$10^{-6}m/s^2$的全球重力场;20世纪80年代,法国提出了GRADIO计划,星载重力梯度仪灵敏度为$10^{-2}E/Hz^{\frac{1}{2}}$($1E=10^{-9}S^{-2}$);20世纪90年代,欧空局(ESA)制订了ARISTOTELES计划,星载重力梯度仪灵敏度为$10^{-3}E/Hz^{\frac{1}{2}}$;20世纪90年代中期,欧空局提出了GOCE卫星重力梯度计划,星载重力梯度仪测量精度为$3\times10^{-3}E$;21世纪初期,美国航天局启动了超导重力梯度测量计划(SGGM),其科学目标是以50km的空间分辨率和2~3mGal的重力异常精度确定360阶地球重力场;近年,美意两国正在研究系留卫星系统(TSS),星载重力梯度仪精度为$10^{-6}E/Hz^{\frac{1}{2}}$,有望获得25km的空间分辨率和1~2mGal的重力异常精度。

3. 卫星重力梯度仪的技术特征

卫星重力梯度仪是一种能直接探测空间重力加速度矢量梯度的传感器。由于重力梯度可以较好地反映等位面的曲率和力线的弯曲程度,因此敏感于中短波地球重力场的信号,更能反映重力场的精细结构。在地球卫星内的微重力环境中,由于不同位置点加速度的差异较小,因此不同属性的重力梯度仪通常由1~3对属性相同的加速度计按不同的排列方式组合而成,精确测定每对加速度计检验质量之间的相对位置变化,通过观测重力加速度的差进而得到重力梯度张量,此为SGG能在微重力环境下直接测量地球重力场参数的主要原因。目前重力梯度仪主要包括旋转式重力梯度仪(RGG)、静电悬浮重力梯度仪(ESG)、超导重力梯度仪(SGG)、量子重力梯度仪(QGG)等。旋转式重力梯度仪比较适合自旋稳定的小卫星,而旋转式重力梯度仪精度相对较低且新一代重力探测卫星通常为非自旋稳定的,因此较少用于SGG。将来国际SGG工程的发展方向以采用静电悬浮重力梯度仪、超导重力梯度仪、量子重力梯度仪等为主流。

1) 静电悬浮重力梯度仪

GOCE 卫星采用的静电悬浮差分重力梯度仪(如图 6-5 所示)由三对静电悬浮三轴加速度计对称排列而成,每个加速度计均设计为 2 个高灵敏轴和 1 个低灵敏轴,主要测定 5 个独立引力梯度分量中的 4 个(V_{xx},V_{yy},V_{zz} 和 V_{xz})。重力梯度仪的质心与卫星体质心相距 10cm,长 1320mm,直径 850mm,重 137kg,基线长 0.5m,测量精度 3×10^{-3} E/$Hz^{\frac{1}{2}}$。测量原理是利用卫星内固定基线上的差分加速度计检验质量之间的重力加速度差值得到三维重力梯度张量。重力梯度仪的三轴指向与卫星体坐标系严格一致,不仅测量线性加速度,同时测量角加速度、离心力加速度、科里奥利(Coriolis)加速度以及其他扰动加速度。静电悬浮重力梯度仪具有结构简单、成本低、灵敏度高、抗外界干扰能力强、易于自动化数据采集等优点。

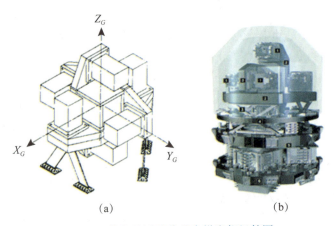

图 6-5　静电悬浮差分重力梯度仪组件图

2) 超导重力梯度仪

超导重力梯度仪由三对超导加速度计对称排列构成,如图 6-6 所示。单轴超导加速度计由弱弹簧、超导检测质量、电磁传感器和超导量子干涉仪(SQUID)组成。SQUID 以 10^{-16}m 的精度测定超导检测质量的位移变化,电磁传感器所产生的磁场被超导检测质量的运动调制并由 SQUID 检测放大,最后转化为电压信号输出。类似于静电悬浮重力梯度仪,超导重力梯度仪可测定重力梯度张量的所有分量,同时用于改正运动平台的线性加速度和角加速度。在同轴分量系统中,信号正比于对角线元素和线性加速度(平移),而交叉分量系统则传递非对角线元素和角加速度(旋转),通过加速度计不同方式的组合可确定对角线分量和全部分量。超导重力梯度仪与静电悬浮重力梯度仪相比,仅在加速度计测量原理上存在差别,前者用超导检测质量代替后者的电磁检测质量,用超导量子干涉仪代替电容装置来测量检测质量的位移,而重力梯度测量原理基本相同。由于超导感应检测质量的位移具有比静电悬浮法更高的灵敏度,因此超导重力梯度仪具有比静电悬浮重力梯度仪更大的发展潜力。

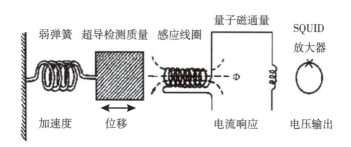

图 6-6　单轴超导加速度计示意图

3）量子重力梯度仪

诺贝尔物理学奖得主、中国科学院外籍院士、美籍华人物理学家朱棣文教授领导的研究团队通过"坠落"原子精确测算出了单个原子的重力加速度，并得到重力加速度与宏观物体重力加速度相同的结论。此发现被物理学界称为"比萨斜塔实验"的现代版。量子重力梯度仪由 1~3 对原子干涉加速度计两两相互垂直排列组成。原子干涉加速度计是量子重力梯度仪的核心部件，与静电悬浮重力梯度仪和超导重力梯度仪存在本质上的区别。如图 6-7 所示，量子重力梯度仪的基本原理如下：首先利用激光将大量铯原子冷却至超低温度，通常以超音速运动的原子在超低温状态下速度将降低至 1cm/s 左右，这使测量其位置和速度变得更容易；其次，将缓慢运动的原子置于重力场中做类似自由落体的"坠落"；最后，基于原子在激光作用下会形成相互重叠干涉的不同量子态的原理，利用受重力场作用前后原子的相位差精确地测出重力加速度。由于量子重力梯度仪对周围环境的质量分布极为敏感，因此它有望为未来高精度和高空间分辨率地球重力场的探测带来革命性的影响。

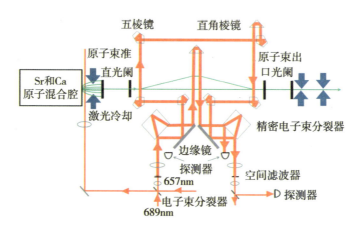

图 6-7　原子干涉测量原理图

4. 卫星重力梯度测量的特点

(1) 高精度和高空间分辨率解算中高频地球重力场。传统卫星重力技术一般只能恢复重力场的低频分量，而 SGG 张量可直接感测引力位的二阶梯度，进而获得较高阶次重力场精细结构的信息。模拟研究表明：当引入卫星轨道误差 1cm 和卫星重力梯度值误差 $3\times10^{-12}/s^2$ 时，在 250 阶处恢复 GOCE 累计大地水准面的精度为 9.025cm。因此，卫星重力梯度测量是精化中短波重力场的有效途径之一。

(2) 全球重力场测定速度快、代价低和效益高。实施卫星重力梯度测量的单颗卫星在近圆、近极和低轨道上连续飞行可获得全球覆盖和规则分布的重力梯度数据，其密度和分布取决于卫星飞行的时间、数据采样间隔、轨道参数等。GOCE 重力梯度卫星在 250km 低轨道上作 20 个月的绕地球飞行，基于 1s 数据采样间隔可获得约 5200 万个重力梯度实测数据，全球观测数据空间分辨率可达到 4km。从观测数据的精度、密度和分布来看传统卫星重力技术均难以达到这个水准，因此 SGG 是一种低代价、高效益和高效率的测定全球重力场的技术。

(3) 不受惯性加速度的影响。从重力梯度测量中有效分离出引力梯度张量不仅在理论上是严格的，而且在实际操作中也是可行的。因此，SGG 技术可有效解决引力加速度与惯性加速度的分离问题。

(4) 直接测定引力场的内部结构。据广义相对论可知，当有引力场存在时，四维时空是弯曲的黎曼空间。黎曼曲率张量刻画了该空间的几何结构，其主要分量与引力位的二阶导数成正比，因此测定引力位的二阶导数实际等价于测定四维时空的几何结构。从此意义上讲，SGG 揭示了引力场的物理性质和几何性质之间的关系。

(5) 大气阻力对重力梯度观测信号的影响较小。由于重力梯度观测信号是通过每对加速度计的输出量之差求得的，如果每对加速度计的性能指标尽可能一致，则大气阻力对每对加速度计的影响就基本相同，因此差分后的重力梯度观测信号可以基本上消除大气阻力的影响。

(6) 仪器灵敏度和稳定度较高。静电悬浮技术和低温超导技术的成功应用，使重力梯度仪在灵敏度和稳定度方面有了较大的提高，特别是低温超导重力梯度仪具有零漂低、尺度因子稳定和灵敏度高的特性，测量精度可达 $10^{-4}E\sim10^{-6}E$。

(7) 对卫星定轨精度要求较低。基于卫星轨道摄动分析的传统卫星重力测量技术主要取决于卫星定轨精度的高低，而 SGG 对定轨精度的要求相对较低。其原因是加速度计阵列本身可测定卫星的运动姿态，而且重力梯度数据的后处理可进一步改善卫星定轨的精度。

(8) SGG 能感测重力梯度张量的所有分量。由于不同的卫星重力梯度张量反映不同的地球重力场信息，因此在地球物理解释中，与采用重力标量相比，采用重力梯度张量将得到更丰富的地壳深部构造信息。

地球重力场反演是指通过分析卫星观测数据（全球定位系统接收机的轨道位置及速度、K 波段/激光干涉系统的星间距离及星间速度、星载加速度计的非保守力、恒星敏感器的卫星及载荷三维姿态、卫星重力梯度仪的重力梯度张量等)和地球重力场模型中引力位系数的关系,建立并求解卫星运动观测方程,进而反演地球引力位系数,最终目的是反演高精度和高空间解析度的地球重力场。在利用卫星重力测量数据反演地球重力场的众多方法中,按引力位系数反演方法的差异可分为空域法和时域法。空域法是指不直接处理空间位置相对不规则的卫星轨道采样点的观测值,而将观测值归算到以卫星平均轨道高度为半径的球面上利用快速傅里叶变换(FFT)进行网格化处理,将问题转化为求某类型边值问题的解,半解析法、最小二乘配置法等属于空域法的范畴。空域法的优点是因网格点数固定所以方程维数一定,可以利用FFT方法进行快速批量处理,因此极大地降低了计算量;空域法的缺点是在进行网格化处理时作了不同程度的近似处理。时域法是指将卫星观测数据按时间序列处理,卫星星历直接表示成引力位系数的函数,由最小二乘、预处理共轭梯度等方法直接反求引力位系数。时域法的优点是直接对卫星观测数据进行处理,不存在任何近似,求解精度较高且能有效处理色噪声;缺点是随着卫星观测数据的增多,观测方程数量剧增,极大地增加了计算量。以前,由于地球重力场反演方法的局限性和计算机技术的限制,为了减少计算量,空域法较盛行。然而,随着近年来并行计算机技术的飞速发展及各种快速算法的广泛应用,计算量的大小不再是制约地球重力场反演精度的重要因素,时域法的优点逐渐体现出来。时域法主要包括四种类型:①Kaula线性摄动法,仅适合于求解低阶地球重力场且计算精度较低。②加速度法,优点是基于数值微分原理有利于提高中高频地球重力场的感测精度;缺点是在差分掉双星共同误差的同时,也差分掉了部分地球重力场的低频信号,因此降低了重力场长波信号的灵敏度。③动力学法,优点是求解精度较高;缺点是将卫星轨道参数对引力位系数偏微分的初值设定为零违背了天体运动的物理规律,求解过程复杂程度较高且需要高性能的并行计算机支持。④能量守恒法,优点是观测方程物理含义明确且易于进行地球重力场的敏感度分析;缺点是对卫星轨道的测量精度要求较高。

自伽利略于16世纪末进行第一次重力测量以来,国际上众多科研机构(如美国宇航局、德国航天局、欧洲空间局等)通过地面、海洋、空间等多种观测技术的联合已获得了全球的、规则的、密集的和高精度的地球重力场信息,因此全球重力场反演方法的优劣是决定人类对"数字地球"认识水平的关键所在。如图6-8所示是全球重力异常分布。从图中可以看出,地球重力异常分布信息量还是很丰富的。要想精确获取所有的异常信息,需要在技术上有新突破。由于目前全球重力场反演方法自身的固有局限性,所以各种方法无论是单独的还是联合的均无法满足未来国际卫星重力测量计划中精确和快速反演全频段全球重力场的需求。因此,寻求新的、有效的和快速的全球重力场反演方法是21世纪国际地球物理学和大地测量学界的热点和亟待解决的难题之一。自1957年10月4日第一颗人造卫星Sputnik-1成功发射以来,国际众多学者在利用卫星技术精密探测地球重力场方面取得了辉煌的成就。21世纪是人类利用卫星跟踪卫星和卫星重力梯度技术提升对地球重力场认知能力的新纪元。重力卫星CHAMP、GRACE和GOCE的成功升空以及GRACE Follow-On的顺利发射昭示着人类将迎来一个前所未有的卫星重力探测时代。

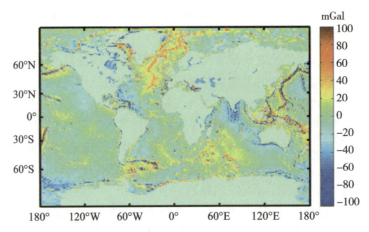

图 6-8　全球重力异常分布(采用 360 阶次的 EGM2008 模型计算)

2022 年，中山大学"天琴一号"卫星已获得全球重力场数据，这是我国首次使用国产自主卫星测得的全球重力场数据。该项技术此前一直为美国和德国所垄断。天琴一号使得我国成为世界上第三个有能力自主探测全球重力场的国家。

第7章 深空探测与导航

7.1 深空探测

2022年,全球深空探测领域蓬勃发展:"天问一号"任务圆满完成科学探测目标;"嫦娥石"的发现让人类对月球起源与演化的理解更进一步;美国"阿尔忒弥斯1"(Artemis-1)任务成功发射,开启重返月球之旅;"双小行星重定向测试"(DART)任务完成全球首次近地天体撞击防御技术试验。……人类探索深空的脚步从未停止,深空探测活动的疆域在不断扩大。本章对月球探测、行星探测、天文探测和近地小行星防御等方面的任务进展与科学发现进行归纳,对国际相关政策规划开展分析,并阐述了深空探测领域未来的发展重点与趋势。

7.1.1 深空探测任务进展

20世纪60年代以来,全球共开展深空探测任务260余次,人类"足迹"已遍布太阳系八大行星,如图7-1所示,人类"眼界"已拓展至138亿光年。当前,围绕宇宙演化与生命起源等重大科学前沿问题和地外资源开发利用,全球深空探测活动以月球、火星等为探测重点,已进入空前活跃的新时期,在轨任务共有约40项。2022年,全球共发射实施4项深空探测任务,即美国6月28日发射的"地月自主定位系统技术操作与导航实验"(CAPSTONE)立方星、韩国8月4日发射的"韩国探路者月球轨道器"(KPLO)、美国11月16日发射的"阿尔忒弥斯1"任务以及日本12月11日发射的"白兔重启任务1"(HAKUTO-R-M1,简称"白兔-R-M1")任务。

月球是地球唯一的天然卫星,由于其具有重要的科学意义与资源价值,已成为世界各国开展深空探测活动的首选目标,也是未来人类进入深空的理想前哨站。2022年,中国探月工程四期启动研制,月球科研站基本完成国际大科学工程培育工作,美国主导并联合多国正在实施"阿尔忒弥斯"月球探测计划,欧洲提出了"月球村"设想,俄罗斯、日本、印度、阿联酋等国家也正在实施月球探测计划,继美苏太空争霸之后,世界范围内的月球探测热潮已经兴起。

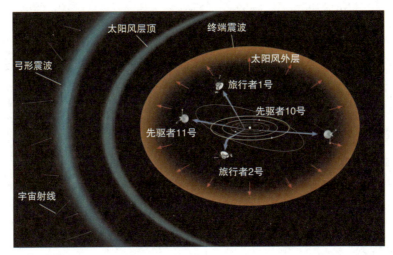

图 7-1 先驱者 10 号、11 号，旅行者 1 号、2 号的飞行方向示意图

1. 多个月球探测任务相继发射，推动月球新一轮探索热潮

2022 年 6 月 28 日，美国将"拱石"月球探测器送上太空。这艘航天器名为"Capstone"，只有微波炉大小，重约 25kg。同年 11 月，"拱石"采用弹道月球转移方式进入月球轨道。这是 NASA 主导的一项地月空间立方星任务，旨在通过与商业伙伴的合作，低成本地完成任务，对未来月球空间站计划将采用的轨道进行验证，并测试新型导航技术。"拱石"运行良好的轨道测试为阿尔忒弥斯重返月球项目提供了数据支持。阿尔忒弥斯项目分为 3 个阶段："阿尔忒弥斯-1"任务是实施无人绕月飞行，研究"重返月球"对人体可能产生的影响；"阿尔忒弥斯-2"任务是实施载人绕月飞行，有 4 名航天员参加；"阿尔忒弥斯-3"任务是实施载人登月飞行。阿尔忒弥斯计划有 3 个特点：一是广泛开展国际合作，截至 2023 年 7 月 27 日，已有 28 个国家签署《阿尔忒弥斯协定》；二是建立月球空间站，航天员先飞往月球空间站，然后根据需要从月球空间站出发完成载人登月任务，最终再返回月球空间站；三是让私营企业也参与其中，NASA "商业月球有效载荷服务计划"为那些对月球感兴趣的小公司提供了一个机会。

2022 年 8 月 4 日，韩国首次月球探测任务——KPLO 发射升空，并于 12 月 17 日成功进入月球环绕轨道。任务的工程目标为验证韩国月球探测关键技术，演示验证"空间互联网技术"，科学目标为探测月球环境，绘制月球地形图，支持韩国未来的月球着陆任务，开展着陆地点选择、月球资源调查、月球辐射环境和表面环境探测等工作。

2022 年 11 月 16 日，美国新一代重型运载火箭"太空发射系统"(SLS)成功发射，将"猎户座"载人飞船及 10 颗立方星送往月球轨道，开始执行"阿尔忒弥斯 1"任务，如图 7-2 所示。本次任务是"阿尔忒弥斯"计划的首次试飞任务，"猎户座"飞船开展了无人绕月飞行，并于 12 月 11 日返回地球，为后续载人绕月飞行奠定了基础。"阿尔忒弥斯 1"

任务搭载发射的 10 颗立方星将开展月球探测、地月环境辐射研究、小行星探测、技术演示验证等工作。

图 7-2 "阿尔忒弥斯 1"任务相机捕捉到的独特景象

2022 年 12 月 11 日，日本 iSpace 公司的首次商业月球着陆任务——"白兔-R-M1"发射升空，预计于 2023 年 4 月末在月球着陆。"白兔-R-M1"是 iSpace 公司研制的商业月球着陆器，以将用户的有效载荷交付至月球表面为主要目的，此次任务的载荷包括阿联酋穆罕默德·本·拉希德航天中心（MBRSC）的"拉希德"月球车、日本宇宙航空研究开发机构（JAXA）的可变形月球机器人、加拿大任务控制空间服务（MCSS）的人工智能飞行计算机、日本特殊陶业公司的全固态电池等。"白兔-R-M1"是全球首次以商业目的为核心的月球探测任务，正式拉开了商业月球探测的序幕。

2. 多国稳步推动后续计划发展，为月球探测提供持续动力

2021 年底，中国探月工程四期任务获得国家批复，将在未来 10 年之内陆续实施"嫦娥"六号、"嫦娥"七号和"嫦娥"八号任务。其中，"嫦娥"六号将前往月球背面执行采样返回任务；"嫦娥"七号将对月球南极资源和环境进行详查，开展着陆、巡视和飞越探测；"嫦娥"八号将开展月球资源开发利用和技术试验验证，建设月球科研站基本型。在月球样品方面，截至 2022 年 12 月，我国完成了 5 批 198 份共计 65104.1mg 的月球科研样品发放工作，33 家单位的 98 个科研团队获得了月球科研样品，研究方向集中在地球化学、地质学、月壤物性、太空风化、磁场、生物等领域。月球样品研究已经取得了令人鼓舞的成果。

俄罗斯、日本和印度等国继续推进其后续的无人月球探测任务，但受到俄乌冲突、技术问题等因素的影响，任务发射时间存在不同程度的推迟。商业月球探测领域蓬勃发展，月球通导系统建设持续扩大。

商业月球探测取得突破性进展，日本 iSpace 公司首次商业月球着陆任务取得成功，

美国航天局"商业月球有效载荷服务"(CLPS)计划支持的多个商业探测任务蓄势待发，与此同时，月球通信与导航服务(LCNS)网络等相关产业也在快速发展，以匹配未来大规模月球探测的需求。

在月球有效载荷运输服务方面，美国航天局正积极推动 CLPS 计划，旨在签订运输服务合同，利用商业月球着陆器将小型无人着陆器和漫游车送往月球的南极区域，其主要目的是探明月球资源，测试原位资源利用(ISRU)概念，进行月球科学研究以支持"阿尔忒弥斯"计划。截至 2022 年 12 月，美国航天局共宣布 8 份月球表面任务订单，多家商业公司将为其提供月球载荷运输服务。

在月球通信与导航服务网络方面，美国航天局正在推动"月球网络"(LunaNet)架构的发展。LCRNS 项目成为独立项目，正在管理月球中继服务的采购与实施，以支持"阿尔忒弥斯"月球任务。美国航天局还发布了第二版"月球网络"互操作性规范草案。欧空局也在推动"月光"倡议，提议在月球周围部署一个航天器网络以支持载人和无人月球探索，正在鼓励欧洲航天公司在月球周围放置一组通信与导航卫星，并积极推进"月球探路者"任务的发展，用于早期月球任务的初步通信服务。ESA 在 2022 年 1 月启动了"月光"倡议：月球通信与导航服务征集想法和用例，以了解外部对月球通信与导航服务的需求，进而帮助 ESA 设计出能更好满足这些需求的功能。

2022 年 6 月，欧空局与美国航天局签署了一项关于"月球探路者"的谅解备忘录，美国航天局将发射并交付"月球探路者"至工作轨道，以换取美国航天局任务的数据中继服务，成为"月球探路者"服务的首批用户之一。ESA 和美国航天局还将合作使用"月球探路者"进行导航实验。CLPS 任务最终可能成为"月球探路者"的用户。

7.1.2 行星探测

行星探测是人类拓展宇宙认知边界、探寻地外生命信息的重要技术途径，已成为世界深空探测活动的重要方向。探测火星、木星等天体可为人类研究太阳系起源和演化、探寻地外生命信息提供技术手段和科学依据，小行星因其科学价值、资源利用价值，近年来也已引起世界各国的广泛关注。

1. 多国火星探测任务有序推进，欧俄探测任务推迟发射

我国的"天问一号"任务已于 2022 年 6 月实现全部既定科学探测任务目标，进入拓展任务阶段。截至 2022 年 12 月，"祝融"火星车累计巡视探测 1921m，如图 7-3 所示是行车路线。"天问一号"轨道器和火星车累计获取原始科学数据约 1600GB。科学研究团队利用我国获取的一手科学探测数据，形成了一批原创性成果，发现了晚西方纪(距今 30 亿年)以来着陆区发生的风沙活动、水活动的新证据，在《中国科学》、*Science* 等国内外重要期刊发表论文 50 余篇。首次火星探测任务获得国家 2022 年国防科技进步特等奖、国际宇航联合会 2022 年度"世界航天奖"。国际天文联合会将"天问一号"着陆区的 22 个火星地理实体以我国的历史文化名镇命名，如图 7-4 所示。

在国际深空探测方面，欧俄联合开展的"火星生物学"项目第二次任务原计划于

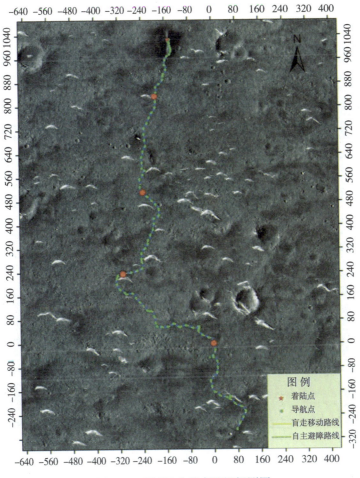

图 7-3 "祝融"火星车巡视探测图

2022 年发射,受俄乌冲突等因素的影响,2022 年 7 月,欧洲宣布正式终止与俄罗斯合作"火星生物学"任务。ESA 计划建造欧洲自己的着陆器,将"罗莎琳德·富兰克林"火星车送上火星表面。此外,美国的"洞察"(InSight)火星着陆器和印度的"曼加里安"(Mangalyaan)火星轨道器正式结束任务。其中,"洞察"于 2018 年 11 月着陆火星,由于火星尘埃的持续积聚,太阳能电池板的发电量一直在减少,美国航天局在 2022 年 12 月 21 日宣布,"洞察"在对火星进行长达 4 年多的科学探测之后,任务正式终结;"曼加里安"于 2014 年 9 月进入火星轨道,2022 年 9 月,印度宣布由于探测器与地面失去联系而结束任务。

2. 美欧调整"火星采样返回"计划,进一步精简任务架构

美欧对当前火星探测的最高优先级任务——"火星采样返回"(MSR)计划进行了调整,重点是删除了用于取回样品的新火星车,改为由"毅力"(Perseverance)火星车完成

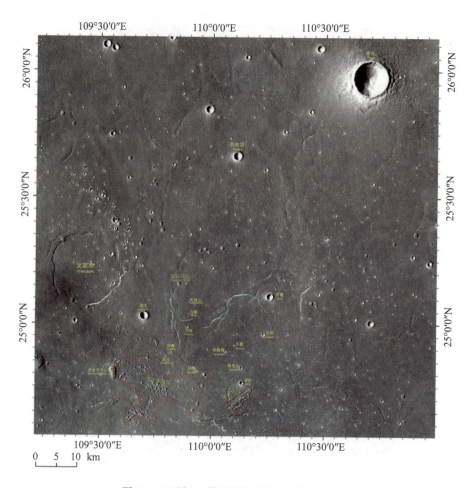

图 7-4 "天问一号"着陆区历史名镇命名图

样品的取回工作，同时由火星直升机作为备份。最新的架构如下：①由"毅力"火星车携带样品管并在未来执行任务时将其送回地球，同时将一部分样品管存储在火星表面作为备份；②2028 年夏季，发射 ESA 研制的"样品取回着陆器"及美国航天局研制的"火星上升器"和两架火星直升机，在"毅力"火星车将样品送回"样品取回着陆器"后，由"火星上升器"将样品送入火星轨道；③2027 年秋季，发射欧空局的"地球返回轨道器"，其在进入火星轨道后从"火星上升器"获取并密封样品，并将样品容器放入"地球再入舱"；④2033 年，密封于"地球再入舱"的火星样品管被送回地球。图 7-5 所示为"火星采样返回"计划概念图，图中显示的火星地形相对比较平坦。

3. 小行星采样返回持续推进，数项小行星探测计划调整

2022 年，我国"天问二号"小行星探测任务已进入初样阶段，预计在 2025 年发射，并对近地小行星 2016HO3 开展伴飞探测并取样返回。美国"欧西里斯雷克斯"（OSIRIS-

图 7-5 "火星采样返回"计划概念图

Rex)小行星采样返回任务计划在完成采样返回任务之后,开展扩展任务——"欧西里斯阿波菲斯探测器",以访问小行星"阿波菲斯"。"阿波菲斯"预计将于 2029 年飞掠地球,离地球最近时距离仅 3.2 万千米。届时探测器将在"阿波菲斯"附近停留 18 个月,对这颗 350m 的小行星展开近距离探测。在美国航天局宣布"欧西里斯雷克斯"在扩展任务期间探测"阿波菲斯"之后,韩国以"缺乏技术能力"为由,放弃了发射探测器以在 2029 年"阿波菲斯"小行星近距离掠过地球期间探测该小行星的计划。

原计划于 2022 年 8 月发射的美国航天局"赛琪"小行星探测任务延期至 2023 年,主要原因在于模拟航天器的测试平台问题、航天器关键组件延迟交付、缺少飞行软件测试等。原计划搭载"赛琪"发射运载火箭的"双面神"双小行星系统探测任务也受到了影响。

7.1.3 天文探测

天文探测是人类揭示宇宙起源、探索系外宇宙、拓宽人类视野的重要科学途径。由于地球大气层遮蔽等环境因素的影响,地基望远镜已无法满足科学家探索宇宙的需求。近年来,随着一系列大型空间望远镜的发射,更多宇宙早期和深远星系的图像被获取,极大地拓展了人类对宇宙诞生及更加遥远的恒星际空间的认识,掀起了探索宇宙的新热潮。

"詹姆斯·韦伯"空间望远镜(JWST)在 2021 年 12 月发射后,顺利进入距离地球 150 万千米的日地拉格朗日 L2 点工作轨道并开始探测活动。由于其强大的观测能力,在轨观测仅数月时间就拍摄了多幅创纪录的图像。7 月,美国航天局与欧空局、加拿大航天局(CSA)和空间望远镜科学研究所的合作伙伴一同发布了"詹姆斯·韦伯"空间望远镜拍摄的首批图像,如图 7-6 所示,包括船底座星云、南环星云、系外行星 WASP-96b 光谱图、斯蒂芬五重星系,以及"詹姆斯·韦伯"空间望远镜首张宇宙深场图"韦伯第一深场"。这批图像揭示了一系列曾经被隐藏的宇宙特征。

图 7-6 首批"詹姆斯·韦伯"空间望远镜图像

7.1.4 近地小行星防御

2022 年 9 月 26 日，全球首次近地天体撞击防御技术试验任务——DART 按照计划成功撞击目标小行星，如图 7-7 所示为示意图。DART 通过携带的立方星、全球多台地面望远镜及天基望远镜对撞击事件进行观测，以了解动能撞击技术在行星防御方面的可用性及撞击产生的各类影响。探测器最终以 6.5km/s 的速度撞击了小行星，撞击点距离小行星 Dimorphos 的中心仅有 17m。美国航天局对获得的观测数据进行分析后发现，DART 的撞击成功改变了小行星的轨道，这标志着人类首次成功有目的地改变天体的运动，也是首次真实尺度地演示小行星偏转技术。

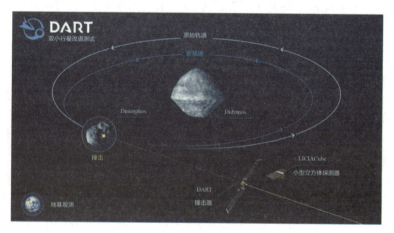

图 7-7 DART 任务流程

7.2 深空导航

脉冲星是 1967 年被发现的一种天体，这一发现被授予了诺贝尔物理学奖。在它被发现后的 50 多年里，人们又找到了大约 3000 颗这种令人着迷的天体。它们拥有极端的物理特性，具有极高的天文学研究价值，且与不同学科在许多前沿领域会有所交叉，再加之关于它的各种谜团所带来的魅力，这使得尽管已经过去了半个多世纪，脉冲星仍是天文学的重点研究对象之一。如图 7-8 所示的是脉冲星示意图。

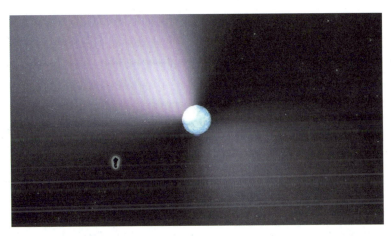

图 7-8 辐射由两极发出的脉冲星概念图（图片源自 NASA/JPL-Caltech）

脉冲星无时无刻不在快速转动着，大家经常把它比作陀螺。区别在于，在地面转动的陀螺会越转越慢直至停止，而转动的脉冲星却永不停歇。虽然脉冲星的转动也会越来越慢，但是它们变慢的速度非常之小，每年只降低大约亿分之一，变化最小的甚至可以达到每年只降低万亿分之一。

需要说明的是，脉冲星转速的变化本身，也是非常稳定的。这使得我们可以预测脉冲星未来的转动速度。目前，周期测量最精确的脉冲星是毫秒脉冲星 J0437-4715，其周期精度可达 17 阿秒（1 阿秒等于 10^{-18} 秒）。在精确预测了脉冲星周期后，我们可以预估每一个脉冲到达地球的精确时间。

脉冲星导航的概念早在 20 世纪 70 年代就已被提出，它可为人造卫星、宇宙飞船提供导航。不过，以往提出的基于脉冲星射电信号的航天器自主轨道确定方法存在明显缺陷，X 射线脉冲星导航技术研究也仅停留在关键技术研究与地面验证阶段。

脉冲星是死亡恒星的一种，属于高速自转的中子星，它的典型半径仅有 10km，其质量却在 1.44 倍至 3.2 倍太阳质量之间，是除黑洞外密度最大的天体。值得一提的是，脉冲星具有极其稳定的周期，其稳定度比目前最稳定的氢原子钟还要高 1 万倍以上，被誉为自然界最精准的天文时钟。

这也是脉冲星能够运用于深空导航的原因所在。航天科技集团五院脉冲星导航试验卫星科学任务系统总设计师帅平说，和陀螺的原理一样，脉冲星转得快、质量大、半径小，因此它的每次旋转非常稳定。目前，已发现和编目的脉冲星有2000多颗，其中有160多颗脉冲星具有良好的X射线周期辐射特性，可以作为导航候选星。

与传统的卫星导航不同，脉冲星导航不能直接对地面进行导航，而是对近地轨道卫星、深空探测及星际飞行器进行导航。这是因为，X射线属于高能光子，难以穿过地球稠密大气层，只能在地球大气层外空间观测到。

2016年恰逢中国航天事业创建60周年。我国于11月择机发射首颗脉冲星导航试验卫星(XPNAV-1)，实测脉冲星发射的X射线信号，尝试验证脉冲星导航技术体制的可行性。

这颗卫星有三个试验目标：第一，上天实测两种不同类型的探测器性能，同时利用探测器研究宇宙的背景噪声；第二，探测蟹状星云脉冲星(Crab)，解决我国研制的探测器"看得见"脉冲星的问题；第三，探测3颗低流量脉冲星。

脉冲星导航原理是：X射线脉冲星作为宇宙中的"灯塔"，依靠自身发出的极为稳定的X射线脉冲信号，为近地轨道、深空探测和星际飞行航天器提供高精度的位置、速度、时间和姿态等丰富的自主导航信息服务，从而实现航天器长时间高精度自主导航与精密控制。这项技术具有广阔的工程应用前景。

脉冲星因其周期性的脉冲辐射而得名，这种周期性来源于脉冲星本身的周期性转动。每转动一周，望远镜就能够接收到一次脉冲信号。目前已发现的脉冲星中，转动周期最短的约为1.4毫秒，最长的也不过20秒。图7-9为帕罗玛山天文台海尔望远镜拍摄的巨蟹座脉冲星，它无时无刻不在释放巨大的能量，照亮它周边的星云，这为导航提供了很好的信息源。

脉冲星是处于真空中的天然计时器，它在宇宙中孤独地转动，不会受环境影响，也不会因老化而颤抖，因此它比地球上的任何钟表都要更加稳定。将每一次接收到的脉冲信号作为时间刻度，可以代替原子钟用来计量时间。或许在不久的将来，人们能看到"脉冲星钟"代替原子钟。

目前，市面上销售的部分手机安装了北斗卫星导航系统，它可以用来确定我们的位置。实际上，这是天上的北斗卫星在不停地测量手机到卫星的距离，然后结合多颗卫星的距离就能够算出手机所在的位置。使用同样的原理，我们可以用宇宙中不同位置的脉冲星进行定位导航。

脉冲信号到达地球的时间和接收信号的位置有关。如果能够给定脉冲信号的到达时间，就能确定出接收信号的位置到脉冲星的距离。这样我们在银河系里的任何位置都能够轻松地完成定位，如图7-10所示为脉冲星导航构想图。

不过需要说明的是，脉冲星的信号比北斗卫星的信号要弱得多，导致定位过程需要望远镜收集信号才能进行，而且定位精度在地球附近要远低于北斗卫星导航系统，所以目前脉冲星导航研究针对的服务对象只是执行航天任务的飞行器。

目前，宇宙飞船依赖于地面原子钟。为了测量航天器飞越月球时的轨迹，导航员使用这些计时器来精确跟踪信号的发送和接收时间。因为无线电信号的传播速度是光速，

7.2 深空导航

图 7-9　巨蟹座脉冲星(图片源自 NASA/JPL-Caltech)

导航员可以利用这些时间测量来计算航天器的确切距离、速度和行进方向。但是航天器离地球越远,发送和接收信号的时间就越长——从几分钟到几小时,这大大延迟了这些计算。通过与导航系统配对的机载原子钟,航天器可以立即计算出它的位置和去向。

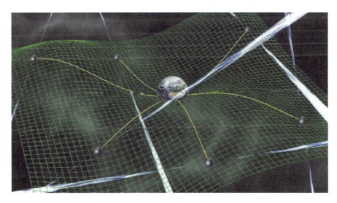

图 7-10　脉冲星导航(图片源自 David Champion)

2019 年,美国宇航局正式启动了深空原子钟导航仪,将在地球轨道上进行为期一年的实验。这是首个在飞行器上装配的原子钟、利用单向信号实现太空飞行器导航的实验。如图 7-11 所示的是深空原子钟构想图,该仪器安装在美国国防部空间测试计划 2 号任务发射的通用原子轨道试验台航天器上。它的目标是测试使用机载原子钟来改善宇宙飞船在深空导航的可行性。

图 7-11　深空原子钟构想图(图片源自 NASA)

这次的实验让飞行器配备了原子钟，接收从地球天线发出的信号快速计算出自身的方位和速度。这个原子钟可精确到纳秒，是现在使用的最佳导航钟的 50 倍。

而且，搭载在飞行器上的原子钟很小，不像位于地面用于导航的原子钟有冰箱那么大。8 月 23 日，美国航天局确认这套太空导航系统正式启动。

这次实验使用的是无人飞行器，美国航天局希望未来这种系统足够精确、稳定，为载人太空船导航，带着人类飞往深空。

第8章 深海探测

8.1 概述

海洋测量的对象是海洋，而海洋与陆地的最大差别是海底以上覆盖着一层动荡不定的、深浅不同的、含各类生物和无机物质的水体。这使海洋测量在内容、仪器、方法上有如下明显不同于陆地测量的特点：海洋测量只能以海面航行或在海空飞行的形式工作。海洋测量的内容主要是探测海底地貌和礁石、沉船等地物，而没有陆地那样的水系、居民地、道路网、植被等要素，海底地貌比陆地地貌要简单得多，地貌单元巨大，很少有人类活动的痕迹。但这并不是说海洋测量比陆地测量要简单得多，相反，海洋测量在许多方面比陆地测量要困难。

首先，水体对光线具有吸收、折射及反射等效应，陆地测量中常用的光学仪器在海洋测量中使用很困难，航空摄影测量、卫星遥感测量只局限在海水透明度很好的浅海域。其次，海洋测深主要使用声学仪器。但是超声波在海水中的传播速度随海水的物理性质(如海水盐度和温度等)的变化而不同，增加了海洋测深的困难。传统的回声测深只能沿测线测深，测线间是测量的空白区，海底地形的详测需要加密测线，或采用全覆盖的多波束测深系统，这会大大地增加测量时间和经费。再次，海水是动荡不定的，很难提高海洋测量的精确性。最后，目前海洋测量的载体主要是船舶，而船舶的续航力有限，出测又受到天气和海况的限制，全球海域又如此广大，因此详测全球海域需要漫长的时日。

占全球面积71%的海洋(面积约三亿六千万平方千米)，蕴藏着极为丰富的生物和矿产资源，随着时代发展，作为海上一切经济和军事活动基础的海洋测绘，已处于一个新的发展和变革时期。其主要特点如下：

(1)海洋测绘的内容与范围不断扩大，测绘精度与可靠性比以往要求更高。如测绘工作范围由近海浅水区向大洋深水区发展；从以测量航海要素为主，发展到获取各种专题要素的信息和建立海底地形模型的全部信息。

(2)计算机和计算技术的开发应用，促使海洋测绘工作逐步由手工方式向自动化转变。如目前为海洋测量而建造的大型综合测量船，可以同时获得位置、水深底质、重力、磁力、水文、气象等资料。

(3) 新兴科学技术的发展，使海洋测绘手段更加多样化。

以海洋水体和海底为对象进行的测量和海图编制工作统称为海洋测绘。它既是测绘科学的一个重要分支，又是一门涉及许多相关科学的综合性学科，是陆地测绘方法在海洋的应用与发展。

海洋测绘的发展大致可分为3个阶段：

(1) 20世纪30—50年代中期，开始对海洋进行地球物理测量，包括海洋地震测量、海洋重力测量等。这个阶段利用回声探测数据绘制海底地形图，揭示了海洋底部的地形地貌；利用双折射地震法获取大洋地壳的各种地球物理性质，证明大洋地壳与大陆地壳有显著的差异。

早在上古时代，人类在海上捕鱼、航行时就产生了对海洋进行测绘的需要。公元前1世纪古希腊学者已经能够绘制表示海洋的地图。公元3世纪，中国魏晋时期，刘徽所著《海岛算经》中已有关于海岛距离和高度测量的内容。1119年中国宋代朱彧所著《萍洲可谈》记载："舟师识地理，夜则观星，昼则观日，阴晦观指南针或以十丈绳钩取海底泥嗅之，便知所至。"说明当时已有测天定位和嗅泥推测船位的方法。

现存最早的直接为海上活动服务的海图，是1300年左右制作的地中海区域的"波特兰"(航海方位)型航海图。这种图上绘有以几个点为中心的罗经方位线。15世纪中叶，中国航海家郑和远航非洲，沿途进行了一些水深测量和底质探测，编制了航海图集。15、16世纪航海、探险事业的活跃，大大促进了海洋测绘的发展。1504年葡萄牙在编制海图时，采用逐点注记的方法表示水深，这是现代航海图表示海底地貌的基本方法的开端。1569年G.墨卡托采用等角正圆柱投影编制海图。此方法被各国沿用至今。

17世纪以后，海洋测绘的范围日益扩大，航海图的内容不断增加。18世纪欧洲许多国家相继成立了海道测量机构，开始对本国沿岸海区进行系统的海道测量，编制了一系列航海图。这一时期还出现了以等深线表示海底地貌的海图。19世纪海洋测绘从沿岸海区向大洋发展，大洋测量资料的不断增加，为编制世界大洋水深图提供了条件。1899年在柏林召开的第7届国际地理学大会上决定出版《大洋地势图》，并于1903年出了第一版。20世纪20年代，在水深测量中开始使用回声测深仪，大大提高了工作效率。

1921年国际海道测量局成立后，开展学术交流活动，修订《大洋地势图》，并陆续出版国际航海公用的《国际海图》，促进了国际合作。20世纪40年代开始，在海洋测绘中试验应用航空摄影技术。50年代以来，海洋测绘在应用新技术和扩大研究内容方面又取得了重大进展。测深方面，除了使用单一波束的回声测深仪外，已开始使用侧扫声呐和多波束测深系统，海洋遥感测深也取得初步成功。定位手段由采用光学仪器发展到广泛应用电子定位仪器。定位精度由几千米、几百米提高到几十米、几米。测量数据的处理已经采用电子计算机。

(2) 1957—1970年，实施了国际地球物理年(1957—1958年)、国际印度洋考察(1959—1965年)、上地幔计划(1962—1970年)等国际科学考察活动，发现了大洋中条带磁异常，为海底扩张说提供了强有力的证据，揭示了大洋地壳向大陆地壳下面俯冲的现象，观测了岛弧海沟系地震震源机制。

70年代以来，各主要临海国家已开始有计划地利用空间技术进行海洋大地测量和各种海洋物理场的测量（如海洋磁力测量），特别是应用卫星测高技术对海洋大地水准面、重力异常、海洋环流、海洋潮汐等问题进行了比较详细的探测和研究。在海图成图过程中已广泛采用自动坐标仪定位、电子分色扫描、静电复印和计算机辅助制图等技术。海洋测量工作已从测量航海要素为主，发展到测量各种专题要素的信息和建立海底地形模型的全部信息。大型综合测量船可以同时获得水深、底质、重力、磁力、水文、气象等资料。综合性的自动化测量设备也有所发展。例如1978年美国研制的960型海底绘图系统，可同时进行海底绘图和水深测量、海底浅层剖面测量。海图编制的内容更加完善：编制出各种专用航海图（如罗兰海图、台卡海图）、海底地形图、各种海洋专题图（如海底底质图、海洋重力图、海洋磁力图、海洋水文图）以及各种海洋图集。

（3）20世纪70年代以后，广泛应用电子技术和计算机技术于海洋测绘中。

海洋测量的基本理论、技术方法和测量仪器设备等，同陆地测量相比，有它自己的许多特点。主要特点是测量内容综合性强，需多种仪器配合施测，同时完成多种观测项目；测区条件比较复杂，海面受潮汐、气象等影响起伏不定；大多为动态作业，且测者不能用肉眼通视水域底部，精确测量难度较大。一般均采用无线电导航系统、电磁波测距仪器、水声定位系统、卫星组合导航系统、惯性导航组合系统，以及天文方法等进行控制点的测定和测点的定位；采用水声仪器、激光仪器以及水下摄影测量等进行水深测量和海底地形测量；采用卫星技术、航空测量以及海洋重力测量和磁力测量等进行海洋地球物理测量。

测量方法主要包括海洋地震测量、海洋重力测量、海洋磁力测量、海底热流测量、海洋电法测量和海洋放射性测量。因海洋水体存在，须用海洋调查船和专门的测量仪器进行快速的连续观测，一船多用，综合考察。基本测量方式包括两种：一种是路线测量，即剖面测量，了解海区的地质构造和地球物理场基本特征；另一种是面积测量，按任务定的成图比例尺，布置一定距离的测线网，比例尺越大，测网密度越密。在海洋调查中，广泛采用无线电定位系统和卫星导航定位系统。

8.2 深海探测主要技术

从大陆架到深海大洋，广阔的海底是石油、天然气、气体水合物、铁锰结核等矿物资源的赋存场所，又是海底扩张、板块构造、古海洋学和全球构造等学说的研究对象。因此，调查研究海底具有经济价值和科学意义。我们必须努力去探索海底奥秘，使其造福于人类。探索海底的主要手段是海洋地质调查，即利用地质、地球物理和地球化学等多种综合手段探测和查明海底地形、地质构造、沉积物、岩石和矿产资源分布状况。

人类用科学方法进行海洋科学考察已有100余年的历史，而大规模、系统地对世界海洋进行考察则仅有30年左右。现代海洋探测着重于海洋资源的利用和开发，探测石油资源的储量、分布和利用前景，监测海洋环境的变化及其规律。海洋探测技术手段，包括在海洋表面进行调查的科学考察船、自动浮标站，在水下进行探测的各种潜水器以及在空中进行遥测遥感的飞机、卫星等。

目前，海洋调查的技术手段主要有：利用人造卫星导航、全球定位系统以及无线电导航系统来确定调查船或观测点的位置；利用回声测深仪、多波束回声测深仪及旁测声呐测量水深和探测海底地形地貌；用拖网、抓斗、箱式采样器、自返式抓斗、柱状采样器和钻探等手段采取海底沉积物、岩石和锰结核等样品；用浅地层剖面仪测海底未固结浅地层的分布、厚度和结构特征；用地震、重力、磁力及地热等地球物理办法，探测海底各种地球物理场特征、地质构造和矿产资源，或利用放射性探测技术探查海底砂矿。

8.2.1 科学考察船

建造专用科学调查船始于 1872 年的英国"挑战者"号。该船长 226 英尺，排水量 2300t，使用风力和蒸汽作为动力。从 1872 年起，历经 4 年时间完成环球航行，观测资料包括洋流、水温、天气、海水成分，发现了 4700 多种海洋生物，并首次从太平洋上捞取了锰结核。

1888—1920 年，美国的"信天翁"号探测船探测了东太平洋。1927 年德国的"流星"号探测船首次使用电子探测仪测量海洋深度，校正了"挑战者"号绘制的不够准确的海底地形图。

据统计，70 年代初全世界总共有科学考察船 800 多艘，10 年后增加到 1600 艘，其中美国 300 多艘，苏联 200 多艘，日本 180 多艘。

日本海洋科学技术中心研制的无人驾驶深海巡航探测器"浦岛"号，在 3000m 深的海洋中行驶了 3518m，创造了世界纪录。"浦岛"号全长 9.7m、宽 1.3m、高 1.5m、重 7.5t，水中行驶速度为 4 节，巡航速度为 3 节，最大潜水深度是 3500m，是这家海洋研究机构的主要设备之一。"浦岛"号上安装着高精度的导航装置及观测仪器，使用锂电池作动力。这艘无人驾驶的深海探测器，使用无线通信手段向海面停泊的母船"横须贺"号传送了水中摄像机拍摄的深海彩色图像。

海洋科学调查船担负着调查、研究海洋的任务，是利用和开发海洋资源的先锋。它调查的主要内容有海面与高空气象、海洋水深与地貌、地球磁场、海流与潮汐、海水物理性质与海底矿物资源(石油、天然气、矿藏等)、海水的化学成分、生物资源(水产品等)、海底地震等。大型海洋调查船可对全球海洋进行综合调查，它的稳定性和适航性能好，能够经受住大风大浪的袭击。船上的机电设备、导航设备、通信系统等十分先进，燃料及各种生活用品的装载量大，能够坚持长时间在海上进行调查研究。同时，这类船还具有优良的操纵性能和定位性能，以适应各种海洋调查作业的需要。

8.2.2 海洋卫星

卫星技术在海洋开发中的应用十分广泛。在几百千米高空，海洋卫星能对海洋中的许多现象进行观测。比如利用遥感技术帮助我们测量海面的温度及其分布特征。遥感数据经电脑分析后,可得到海面温度的情况,生成一张海面温度分布图,而且几乎可以实时获得海面温度数据。

另如让海洋卫星用主动遥感技术来测量海浪的高度,雷达成像系统就是一种主动微波遥感,它利用海面"粗糙度"的不同来测量海浪的高度。光波射到海面,如果海面没有浪,就会呈现海平如镜的状态,从卫星上发出的雷达波就会产生镜面反射,雷达接收不到回波。如果海面有波浪,就会变得"粗糙",波浪越大,海面越"粗糙",这时,雷达波就会产生漫反射,雷达就会收到一部分回波。因此,波平如镜的海面,在雷达正片上就显得比较亮。根据回波信号的强弱以及雷达波的角度,可以算出海面的粗糙度,从而得知海浪的高度。

8.2.3 潜水器

一般潜艇只能在 300~400m 的海洋深处活动,面对平均深度超过 3km 的海洋,人类创造了潜水器来征服深海。

1953 年,法国人奥古斯特·皮卡德设计建成"的里雅斯特"号自航式潜水器,1960 年 1 月 23 日,奥古斯特·皮卡德的儿子雅克·皮卡德以及另一名潜水员美国海军上尉唐纳唐·维尔什共同乘坐该潜水器,闯荡万米深渊——马里亚纳海沟,创下了 10916m 的世界纪录。深潜器到达万米深的马里亚纳海沟,说明深海已经不再是人类的禁地。70 年代以前人们热衷于利用深潜器去深海探险,70 年代以后,人们开始把深潜器当作科学来研究为海洋开发服务,因而,深潜器的科学研究和商业应用掀起了一个高潮。

潜水器既是深海探测的工具,又是进行水下工程的重要设备。潜水器可分为载人潜水器和无人潜水器。

深潜器的最大生产厂家是美国的佩里公司,到 1983 年,它总共建造了 24 艘载人深潜器。法国的科迈克斯公司规模也不小,共造了 21 艘。这些深潜器主要用于海洋考察、探索、打捞、水下作业和救生,作业深度为 200~300m。1988 年,法国研制成功可下潜 6000m 的深潜器,可载 3 人,能直接考察世界 97% 的洋底,可进行摄影、录像,还有两只分别为 7 个和 5 个自由度的机械手,用来采集海底样品。

1989 年,日本建造了可达水深 6500m 的深潜器"深海 6500 号",创造了科研载人深潜器水下 6527m 作业的世界纪录。美国加利福尼亚的一家公司,已研制出"深海飞翔"载人深潜器。它突破传统,采用流体动力,下潜航行时像在水下飞行,并且用新型陶瓷材料建造。近几年来,除了钢材,人们又采用可塑聚甲基丙烯酸酯制造深潜器的耐压壳和玻璃窗。如科迈克公司和深海工程公司制造的载人深潜器,都有圆形的聚丙烯酸酯耐压壳,耐压水深为 6000~10000m。另外,计算机技术的应用加强了深潜器的控制和监测功能,有效地简化了人工操作的标准,减轻了驾驶员的工作负荷。

无人遥控潜水器(ROV)是一种无人驾驶的深潜器,它最初是由美国海军在 20 世纪 60—70 年代开发的,它不需要人操纵,通过"脐带"——绳缆在海面进行操纵、供应电力和通信。它比载人深潜器要安全得多、便宜得多。

为了提高联系母船与深潜器之间"脐带"的强度,近年来人们使用了高强度的光纤系统，可用于6000m无人遥控潜水器，这类深潜器叫作高级系统深潜器（ATV），如日本人研制的"海沟"号。还有一种不需要"脐带"的自治式无人遥控深潜器。它根据指令或预先编好的程序进行作业，活动自如。虽然甩掉了那根令人烦恼的"脐带"，但由于成本较高，技术要求也较高，所以发展速度不快。

首先使用无人遥控潜水器的是海洋油气产业。80年代以后，无人遥控潜水器发展十分迅速，1994年就建造了20多套。1995年以来，人们又热衷于使用电力遥控的小型ROV推进装置，有电动的也有液压的，或两者结合。现在，无人遥控潜水器已成为海洋石油开采的可靠工具。

自80年代以来，我国也开始了深潜器的研制，第一艘载人深潜器最大下潜深度达600m。第一台无人遥控深潜器于1985年底研制成功，潜深200m。1989年，我国与加拿大合作研制的无人遥控潜水器投入水下作业。它由电脑控制，能在水下完成自动定位和定航向，装有5个功能机械手和水下摄影机，最大前进时速达2.5km以上，最大水深200m。我国还与加拿大合作研制成功作业深度为300m的无人遥控潜水器。

"海龙Ⅲ"是在中国大洋协会组织下，由上海交通大学水下工程研究所开发的勘查作业型无人缆控潜水器，也是中国"蛟龙探海"工程重点装备。它最大作业水深为6000m，具备海底自主巡线能力和重型设备作业能力，可搭载多种调查设备和重型取样工具。2018年4月4日18时30分—5日0时15分，"海龙Ⅲ"随执行2018年综合海试任务的"大洋一号"科考船入水，下潜到4266m深、离海底3m的近底位置，传回海底画面并完成标识物投放，进行了航行等试验，然后返回母船"大洋一号"甲板。2019年4月9日，"海龙Ⅲ"在西南印度洋中脊龙旂热液区成功完成本站下潜任务，最长连续近底观测作业6小时。

8.3 我国海洋探测技术

我国海域辽阔，是发展中的海洋大国。我国海域面积约300万平方千米，有着丰富的海洋资源。为实现从海洋大国跨入海洋强国的目标，"863"计划在海洋技术领域分别设置了海洋监测技术、海洋生物技术和海洋探查与资源开发技术3个主题，以期为我国的海洋开发、海洋利用和海洋保护提供先进的技术和手段。以具有90年代海洋勘测国际先进水平的"海域地形地貌与地质构造探测系统"的开发和研制为代表的多项先进的海洋调查与资源开发技术，为我国海洋资源的开发、利用、保护，维护海洋权益，捍卫国家主权提供了高精度的科学依据。

在"863"计划的推动下，我国在合成孔径成像声呐、高精度CTD剖面仪和定标检测设备的研制、近海环境自动监测技术方面等重大技术上取得突破性进展，并已进入世界先进行列。通过建立海洋环境立体监测示范系统促进了上海等城市区域性社会经济的发展，并为建立全国海域的海洋环境立体监测和信息服务系统奠定了坚实的基础。在仅仅4年多的时间里，我国沿海周边地区已经在全球海洋观测系统框架下，初步建立起了航天、航空、海监船体监测体系，从整体上提高了我国海洋环境观测监测和预测预报能力。

"863"计划"海域地形地貌与地质构造探测技术"专题科研人员历时 4 年，完成了海底地形地貌的全覆盖高精度探测技术、海洋深部地壳结构的探测技术等 5 大课题。课题在实施过程中共获 9 项创新技术、6 项创新技术产品，为更加深入地了解我国 300 万平方千米海域的地形地貌与地质构造提供了强有力的技术支撑。

"海域地形地貌与地质构造探测技术"以多波束系统全覆盖高精度探测技术、深拖系统侧扫和视像技术、双船地震地壳探测技术的突破为重点，形成海底地形地貌探测技术、侧扫视像技术、高精度导航定位技术、高分辨率地震探测技术、双船折射/广角反射地震技术、三维地震层析成像技术、海洋动态大地测量基准技术以及图形技术、模式识别技术、自动成图技术、人工智能解释技术等的集成系列，带动海洋地学调查技术和研究水平上了一个新台阶。

海域地形地貌全覆盖高精度探测技术系统结束了我国无中、大比例尺海底地质调查能力的历史，使我国具备作业距离 800km，实时动态定位精度优于 10m，可完成 1∶10 万~1∶100 万任意比例尺的高精度海底地形地貌图和三维立体图的技术能力。

目前，该项技术成果已成功应用到"我国专属经济区和大陆架勘测"和"太平洋多金属结核和富结核壳矿区勘查"等方面，产生了明显的社会效益和经济效益。

"利用卫星资料进行岛礁海域水深地形研究"属国家"九五"专项"我国专属经济区和大陆架勘测"的研究课题。为了维护我国领土主权和海洋权益，加速我国的海洋探测、海洋保护和海洋开发，国务院批准了开展"我国专属经济区和大陆架勘测"专项。项目主要利用多波束全覆盖海底地形勘测技术对我国海洋海底地形进行全面勘测。南沙海域岛礁密布，海洋国土调查程度较低，不少区域船只难以进入，给多波束海底地形勘测工作带来很大困难，应用遥感手段获取该海域的岛礁和海底地形资料，成为更优选择。专项特设立"利用卫星资料进行岛礁海域水深地形研究"课题，采用遥感手段，开展以航天遥感为主的岛礁分布调查和海底地形勘测，查清南沙海域的岛、礁、滩、沙的位置和分布，编制岛礁分布图和遥感水深地形图，弥补船测的困难和不足。课题选用多光谱、卫星测高、成像雷达等航天遥感手段，以 TM 图像为主进行全区岛礁定位，并辅以 SPOT 等高空间分辨率图像，调查南沙岛、礁、滩、沙的分布和现状，探测 30m 以内浅海水深；以卫星测高数据反演海洋重力场和深海海底地形。分别独立编制相应的成果图件。最后，应用数据融合和同化技术编绘测区统一海底地形图件。具体可参考中国国土资源航空物探遥感中心、中国人民解放军海军海洋测绘研究所完成的获奖成果。这些成果已经被"外交部条约法律司"等多个单位在相关的业务工作中使用，为他们掌握南沙岛礁的分布全貌，制定工作部署和实施计划提供了依据，为我国外交工作提供了决策支持，在海洋国际合作、海洋测绘、海防等领域都发挥了积极作用，为我国海洋权益的维护，海洋的探测、保护和开发作出了应有的贡献，取得了显著的社会效益。

8.4　海底地形反演

测高数据反演海底地形的基本流程是，利用安置在卫星上的辐射计、合成孔径雷达和微波雷达测高仪等仪器,实时测量卫星至海面的高度、有效波高和后向散射系数等信息,获得高精度的海面高和大地水准面高数据,运用逆 Stokes 公式、逆 Vening-Meinesz 公式和最小二乘配置等方法得到海洋重力场信息,以此推估海底地形。鉴于海洋重力场和海底地形在一定波段内的相关关系,利用测高数据反演海底地形的一般思路是:长波段采用船测水深格网化的滤波成果,中波段利用海洋重力场和地形的导纳关系或其他相关关系进行计算,短波段采用船测水深残差值进行填补。

8.4.1 卫星测高重力数据反演

以船基声呐为代表的传统海底地形测量效率低、成本高、测量时间较长,短时间内无法满足全球范围海域全覆盖的海底地形测量需求。而卫星测高技术凭借其全天时、全天候、全覆盖、快速获取信息的优势,为全球海域海底地形测量提供了新的技术手段。重力异常与海底地形在一定波段内存在较强相关性,基于这一理论,根据测高技术获取的全球海洋重力异常或重力梯度异常,即可反演全球尺度的海底地形,为地球系统科学研究提供数据支撑。

利用海洋重力异常反演海底地形的理论基础可追溯至 1972 年,Parker R. L. 详细推导了引力位在频率域的表达式,提出了由于物质界面起伏引起重力异常变化的频率域模型,为海底地形反演的发展奠定了基础;Watts A. B. 采用交叉谱技术分析了夏威夷皇帝海山链重力异常和海深剖面的关系,研究了考虑地壳均衡的重力异常导纳函数;Dixon T. H. 和 Parke M. E. 证实了重力异常与海底地形在一定的波段存在较高相关性,利用 SeaSat 卫星测高获得的大地水准面高反演了夏威夷北部 Musician 海山海底地形,表明了大地水准面与海底地形在 50~300km 相关性较强;Smith W. H. F. 和 Sandwell D. T. 利用海洋重力异常和海底地形在 15~160km 高度相关的特点,采用移去-恢复技术计算了南大洋海底地形模型。基于以上理论,许多学者开展了利用海洋重力异常反演海底地形的方法研究,到目前为止,由海洋重力异常反演海底地形的常用方法主要有导纳函数法、最小二乘配置法、Smith 和 Sandwell 法和重力地质法(GGM)等,具体介绍如下:

(1)导纳函数法主要基于 Parker 的异常扰动位计算公式和 Watts 的 3 个板块模型,首先经过傅里叶变换、极坐标积分变换、泰勒级数等一系列推导得到频率域内海底地形起伏计算海面重力异常的级数展开式,然后利用弹性板挠曲理论以及均衡模型最终建立反演海底地形的导纳函数模型。20 世纪末,国内外学者利用导纳函数法进行了大量海底地形反演计算,有学者根据岩石圈挠曲补偿模型和理论,分析了若干海域海洋重力异常与海底地形的响应函数,认为在不同波长范围内,补偿模式不同;王勇等对重力异常与海深的相关性以及重力-地形转换函数进行了研究,并利用测高重力场反演了中国海及邻近海域高分辨率的海底地形;罗佳等利用导纳函数法反演了中国南海的海底地形,经与 ETOPO5 水深模型对比,分辨率大大提高;联合重力异常和重力梯度异常数据,研究者采用导纳函数法反演了西南太平洋海域海底地形模型。导纳函数法严格考虑了海底地形的地球物理环境,算法理论较严密,解算过程相对复杂。

(2) 最小二乘配置法主要基于随机过程中的最小二乘配置理论。Tscherning C. C. 首次采用最小二乘配置法，利用重力数据反演了地中海某海域的海底地形；Calmant S. 通过结合最小二乘法，提出了地形反演的空域法，并利用迭代法获取了最终反演海深值；Calmant S. 等采用空域法与最小二乘法，并融合船测海深数据、卫星测高数据和船测重力等构建了全球海底地形模型，并得到了其误差估计。利用最小二乘配置法反演海底地形需已知海深与重力数据之间的自协方差函数和互协方差函数作为先验信息，而协方差函数的计算较困难，因此该方法较少使用。

(3) S&S 法是在导纳函数法的基础上发展而来的，其基于大量重力与海深数据的统计特征发现：重力异常经滤波并向下延拓后与海底地形存在良好线性关系，并由此建立了数学函数关系，获取重力数据与海底地形的比例系数，进而计算出特定波段内海底地形结果。研究者基于该方法，再考虑初步模型与船测数据的差异，构建了全球 $2'\times2'$ 的海底地形模型；利用测高卫星 CryoSat-2 和 Jason-1 所反演得到的海洋重力数据，构建了全球 $1'\times1'$ 海底地形模型并研究了海底的板块构造，结果表明利用新的卫星测高数据可显著提高海底地形反演精度；基于 S&S 方法，研究者利用重力异常在北太平洋部分区域开展了海底地形反演试验，并讨论了非线性二次项和三次项对结果的影响；胡明章等联合船测海深、重力异常和垂直重力梯度异常数据，构建了中国海及周边地区 $1'\times1'$ 海底地形模型。S&S 法考虑海底地形地球物理环境的同时，方法简单，具有较强可操作性，使用比较广泛。

(4) 1972 年，重力地质法被提出应用于陆地基岩厚度探测，但由于陆地上密度差随深度的变化具有较大差异，限定了其在陆地上的反演应用。海底洋壳和海水之间密度差异变化较小，这使得重力地质法十分适用于利用卫星测高重力异常反演海底地形的研究。研究者采用重力地质法在南极洲德克雷海峡进行了海深反演试验，最终精度达到 29m；研究者通过向下延拓方法推测岩石圈和海水之间的密度差异常数，依据重力地质法在格陵兰岛南部海域和南阿拉斯加两个海域进行了海深反演试验，结果标准差分别为 35.8m 和 50.4m；研究者利用 GeoSat/GM、ERS-1/GM、Jason-1/GM 和 CryoSat 2 等测高卫星恢复了南中国海分辨率为 $1'\times1'$ 的重力场模型，并采用重力地质法反演了南中国海海底地形，其检核精度接近 100m；研究者利用重力地质法反演了皇帝海山的海底地形，提出了以船测水深为约束获取密度差参数的方法，并进一步提出顾及局部地形改正，以提高海底地形反演精度；研究者采用重力地质法，基于测高海洋重力异常反演了中国南海 $1'\times1'$ 海底地形，与船测水深对比，模型精度达到了 70.32m。相对于其他方法，重力地质法原理简单，易于计算，该方法的实施关键在于密度差常数的确定，其反演精度依赖于船测数据控制点的密度与分布。

除上述 4 种主要方法外，研究者根据垂直重力梯度异常能够放大短波信号、抑制长波信号的理论，推导了采用垂直重力梯度异常反演海底地形的方法；研究者首次利用重力垂直梯度异常和船测水深数据构建了全球海底地形模型；研究者采用人工神经网络方法反演了阿拉伯海的水深，精度在 94% 的区域优于 150m，在 2% 的区域优于 50m；研究者引入模拟退火法，利用重力梯度数据反演水深，提高了西太平洋崎岖海底地形的精度；在全球海洋重力异常及海底地形研究领域具有重要影响力的 Sandwell 教授团队正在利用机器学习的方法融合多源海深数据，以提高全球海深模型的精度。

8.4.2 遥感影像反演

星载遥感影像反演技术是借助电磁波在水中传播和反射后的光谱变化，结合实测水深构建反演模型，实现大面积水深反演，再结合遥感成像时刻水位反算得到海底地形。由于遥感影像覆盖面积大、可全天时全天候获取、重复周期短、时效性强，星载遥感影像反演技术成为测量水深的一种重要手段，是海洋探测技术体系中重要的组成部分，随着卫星技术、电子技术、光电技术、微波技术等高新技术的发展而迅速发展。

1972年以来，国内外相继发射了多颗携带空间探测器的卫星，其中以 LandSat、IKONOS、MOS-1、Pleiades 和 SPOT 最引人注目，自此科研人员开启了卫星遥感海洋测绘应用研究。早在 1960 年代末，美国密歇根环境研究所首先应用遥感信息进行水深反演，之后随着卫星遥感技术的发展，遥感影像水深反演技术从定性研究逐步发展为定量研究。1978年，研究者提出了利用主成分分析法提取水深和水体地质信息的方法，该方法弥补了波段比值算法的不足，提高了计算精度。1984年，美国国防部制图局经多年的研究后认为，卫星遥感资料是浅海海底地形和水下碍航物信息的重要来源。此后，研究者基于研究区域的先验知识，建立了水深反射率参数与实际水深的相关性及两者间的回归方程；研究者提出了误差反向传播人工神经网络模型，确定了遥感反射率与实际水深之间的相关关系；研究者利用 SPOT 卫星多波段图像资料获取安徽武昌湖的水下地形图，并与实测水下地形图进行对比，吻合良好；研究者结合多光谱遥感信息传输方程推导出水深对数反演模型，采用 TM 遥感影像对江苏近海进行水深反演，得出 0~15m 水深，模型预测水深与实测水深之间拟合较好；研究者通过实验证明了国产卫星高分系列能代替国外卫星 WorldView-2 来进行遥感水深反演。

8.4.3 全球海底地形模型构建

随着声学、激光雷达、航空航天等技术的蓬勃发展，海底地形探测技术不断革新，包括已有技术的改进以及新技术的涌现，其中以多波束测深为代表的船基声呐技术和基于卫星测高的重力数据反演技术是获取全球精细海底地形信息的主要技术手段。到目前为止，利用多波束测深技术已测得全球海域约 20% 的高精度海底地形信息，其余 80% 的海底地形数据基本来源于卫星测高技术。随着卫星测高数据的不断丰富及重力数据反演海底地形技术的不断改进，由卫星测高技术获取的海底地形数据精度和分辨率也在不断提高。基于上述技术，全球精细海底地形模型的研究发展到了一个新的高度，国内外机构构建了多种全球海底地形精细模型，主要包括 ETOPO 系列、DTU 系列、S&S 系列、SRTM 系列、GEBCO 系列等。

自 20 世纪 90 年代以来，中国科学院、武汉大学等研究院所和高校持续开展了卫星测高技术在海洋潮汐、重力场建模以及海底地形等方面的应用研究。在全球海底地形建模方面，武汉大学科研团队于 2014 年发布了首款联合卫星测高重力垂直梯度异常和船测水深构建的 1′×1′ 全球海底地形模型 BAT_VGG2014。2021 年，该团队联合 SIO 卫星测高垂直梯度异常（curv_30.1.nc）和来自美国国家环境信息中心、日本海洋开发机构、澳大利亚地球科学机构的多波束、单波束等船测水深资料，构建了 1′×1′ 全球海底地形模型 BAT_VGG2021，与船测检核数据之差的标准差为 40~80m，与 SIO topo_20.1.nc 精度相当，较 BAT_VGG2014 版精度显著提升，在中国海及邻区的局部区域空间分辨率达 15″×15″。从如图 8-1 所示的海底地形图中可以看出，海底深度大部分在 7000m 以内，根据统计，海洋平均深度大约 3800m，人类涉及范围仅为 5%。根据阳光透过的光线强弱划分，从海洋表面到 200m 深的水层，叫作海洋上层，这里阳光透过海水，水里比较明亮，海水是蔚蓝色的；从 200m 到 1000m 深的水层，叫作海洋中层，这里阳光不能全部透过海水，光线十分微弱，海水是一片黑蓝色；从 1000m 到 4000m 的水层，叫作半深海层，这里觉察不到一点儿阳光，一片漆黑，是一个黑暗世界；4000m 以下为深海层。因此根据海洋深度划分，海底地形的很多区域都需要探索，其精确测量还需要很多技术突破才能完成。

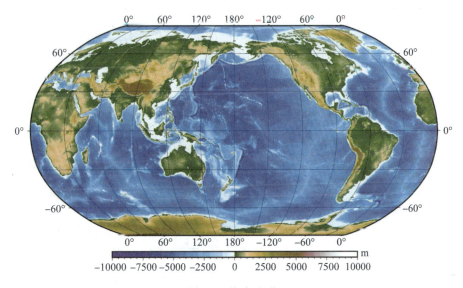

图 8-1　海底地形

8.5　深海技术难题

深海生物学家蒂姆·尚克说，在海洋的深渊底部（也称为海沟地带，一般在海平面 6000m 以下），水压可达到 103.5 兆帕，约为 1000 个标准大气压。据测算，在最深的马里亚纳海沟底部，水压甚至可达 110 兆帕。2014 年，美国深海探测器"俄耳甫斯"号的前任"涅鲁斯"号，被送往新西兰东北部的克马德克海沟探测，当它抵达水下 10000m 时，发生了爆炸；12 个小时后，变成了小碎片。

深海环境如此恶劣，还会有生命存在吗？如果在地球的深海中存在生命，那在同样严酷的外星球环境中，是否也存在生命呢？海洋覆盖了70%以上的地球表面，而人类对海洋尤其是深海的探索还远远不够。

最近，美国国家航空航天局正在开展一项深海探索计划，希望通过探索深海中的生命极限，以窥探外太空的生命秘密。

地球是人类的摇篮，但人类不可能永远在摇篮中生存。20世纪70年代，以发射"先驱者""旅行者"探测器为标志，人类开始把深空探测活动带至一个新高度。直到现在，人类探索深空的步伐从未停止，相继发射了"伽利略""尤利西斯""卡西尼-惠更斯""新视野""朱诺"等探测器，在这一系列的探测活动中，木星和土星及其卫星是重要的研究目标。

目前根据已获取的资料分析，木卫二和土卫二的海底存在类似地球的热液系统，如图8-2所示。而且，美国的"卡西尼"探测器在土卫二表面冰壳裂缝中喷出的羽流中检测出了各种有机分子，这些都是地外海洋海底可能存在生命的有力证据。

欧洲主导的"JUICE"号探测器于2023年4月发射，美国主导的"欧罗巴快船"于2024年10月发射，他们的主要目标都包括木卫二，希望能搜寻到木卫二冰下海洋生命的信息。根据目前已有的数据推测，木卫二的冰下海洋可能有几十甚至上百千米深，土卫二的冰下海洋则至少有几千米深，如何探测冰下的海洋是一个难题。

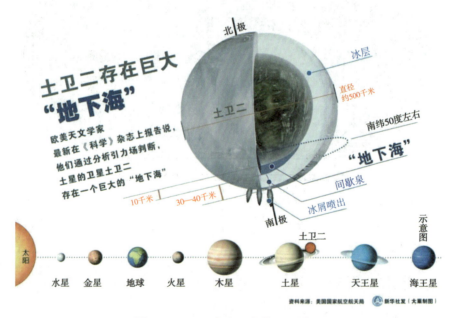

图8-2 土卫二存在巨大的"地下海"

在很长一段时期，海洋生物学家认为深渊底部生命难以生存，海洋最深区域没有足够的食物来维持海洋生物延续生命，而且也太过黑暗。但1977年，当一个美国研究小组将远程遥控的"阿尔文"号潜水器下降到2440m深的太平洋海底时，人类对深海生命的认识彻底改观。这艘潜水器原本是为了拍摄这片海床的热液图像，但科学家惊奇地发现，这个海底火山口周围竟然有生机勃勃的生态系统，充满了海洋生物，比如半透明的腹足类和双壳类动物，以及以前从未见过的微小的节肢动物。

深海生命的顽强，让科学家们大为兴奋，他们猜想："外星球虽环境恶劣，但是冰层下也可能孕育着生命。"

从探索的技术层面来看，深海和外太空探索有很多共同之处。可以将探测器派往这两个领域探索人类无法到达的危险境地，由科学家团队远程遥控支持，或智能化自主探测。

美国研究机构对深海探测装备进行改造，研发了可以钻透冰层进入冰下海洋并进行原位分析的无人探测器，同时也在研发可以在土卫六液态有机物海洋中漂浮和潜航的无人探测器。由于距离地球太过遥远，这些探测器必须自主工作，必须具备高度的智能化，携带的科研载荷可进行现场测量、原位分析，并实时传输数据回地球。此外，美国还主导研发"蜻蜓号"旋翼飞行探测器，计划飞往土卫六并利用其稠密的大气自主智能化飞行，飞行航程超过100km，可对土卫六进行大范围探测和研究。

现在，中国深海与深空领域的科学家与工程师正紧密合作，期待在不久的将来实现对木星、土星和地外海洋的探测。

在从地球飞往深空之前，必须先立足地球，在地面做好前期工作。从美国与欧洲的经验来看，准备工作主要包括：以地球上的极端环境作为类比研究对象，如深海热液、冰川、盐湖、冻土、临近空间等；以地面模拟平台或空间模拟平台（卫星、空间站）为依托，创造类似地外海洋的极端环境，如高压、真空、辐射、低温、盐度等，实现"把地外海洋搬进实验室"的目标。前期的研究工作既包括科学理论的探索，如建立地外海洋的理论模型，明确探测目标、测量指标、信号分析等，也包括工程技术的研发与验证，如探测方案的设计、特种材料、传感器、科学载荷的验证等。

第9章 深地探测

人类在环境探索上有四大方向：上天、下海、登极、入地，现在前三者有不同程度的实现，但入地还很困难。入地是四者中难度最大、进展最慢的科学工程。目前人类直接钻探深度只有12km，与6000多千米的地球半径相比还仅仅只是表皮。

从金属矿产资源的角度说，地下1~5km就可以算深地，而在石油天然气开采角度深地大约在地下8~10km。地球物理科学谈论的深地，从地下5km到地心都可以算深地。目前，深地探测最主要的手段是钻探和地球物理勘探。地球物理勘探最主要的方法是地震学和电磁学方法。

深地探测是指对500m以下的地球深处的探测。在地球形成之初，越重的元素就沉到越深的地方，所以越往下，重元素越多。要开采这些珍贵的矿产，必须进行"深地探测"。深地探测既是我国的重大战略举措，也是世界各国竞相抢占的学科制高点。地下岩石坚硬复杂，深地探测极其困难。30万千米外的月球探测和海洋最深的马里亚纳海沟探测均已实现，但全世界至今没有实现13000m以上的深井探测。

利用地震波的传输原理形成的地震学方法是间接进行地球深部探测与四维观测的主要途径。如图9-1所示是地震波的速度同地球内部结构的联系。其中，近垂直深地震反射技术已经成为地球深部探测的先锋，探测深度达到地壳底界的莫霍面。天然地震台阵观测与主动源技术的结合是深部探测重要发展方向，探测深度可达地幔转换带或者更深。

重力勘探是通过观测地球重力场的时空变化来研究并解决地质构造、矿产分布、水文资源以及相关地质问题的一种技术，是地球物理勘探的一个重要分支。

随着探测技术的发展，重力探测不仅仅局限于原始重力异常的测量。重力张量梯度测量是测量重力位的二阶导数，存在9个分量。重力梯度测量具有分辨率高、能够更好地进行地质解释、可在运动环境下进行测量等优点，能够提高地质特征的定量模拟质量。

假定地球是一个均匀的并具有同心层状结构的理想球体，则地球对地球表面上物体的吸引力应当处处相同，且为恒定值。事实上，地球是非球形的并且是旋转的，内部构造与物质分布是不均匀的，因此地球表面上的重力值是变化的。测定和分析空间重力变化已成为地学研究中的一个重要内容，它能反映地下密度横向差异所引起的重力变化，

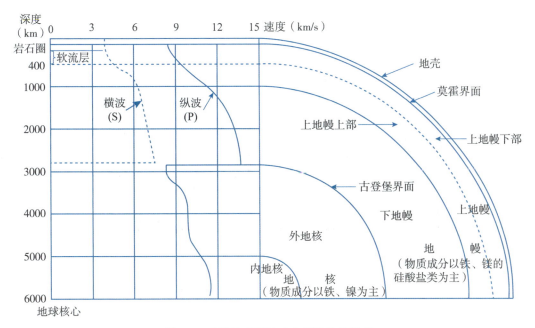

图 9-1　地震波速同地球内部结构的联系

对研究地质构造及寻找各种矿产资源等具有极为重要的意义。此外，对远程导弹、人造地球卫星和宇宙飞船运行轨迹的精确推算也非常重要。

我们以重力向下延拓实验来展现丰富的地球重力信息。实验计算了两个地区的重力延拓。两个区域均为 $4°×4°$ 的方块区域，实验采用的地形数据范围如图 9-2 所示，A 区域海拔较高，有高山和平原，最高落差可达 5000m；B 区域海拔相对较低，以平原为主，有部分山脉，最高落差可达 2500m。

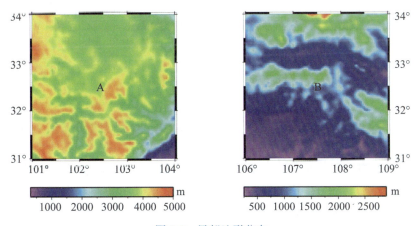

图 9-2　局部地形分布

实验计算结果如图9-3和图9-4所示，图中的(a)图为地面重力值，(b)图为向下延拓值。从图中可以看出，A区的重力异常比B区的重力异常范围要大，原因是A区的地形海拔落差比B区的大。

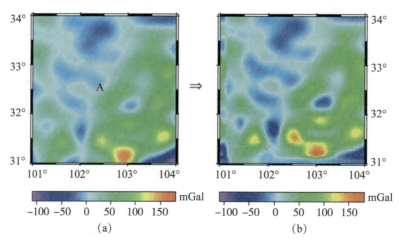

图9-3 A区实验结果

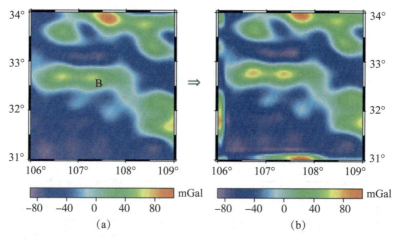

图9-4 B区实验结果

黄大年等编著的《地球深部探测仪器装备技术原理及应用》"第二章 重力场探测及数据处理解释技术"介绍了重力勘探模型及一些应用实例：研究深部地壳构造，计算莫霍界面深度；研究区域地质构造，预测油气远景区，金属矿勘探，寻找盐矿；工程勘察，考古保护及修复等。图9-5是马龙等的研究成果，通过重震联合反演获得罗斯海深部地壳结构，构建横跨维多利亚地盆地、中央海槽、中央高地以及东部盆地的海底地震仪剖面。图中显示莫霍面深度整体呈南深北浅之势，深度范围为10~28 km。仅仅一个地区的莫霍面深度就有如此多的变化，可见地球内部空间物理信息量非常丰富，还需要大量的研究。

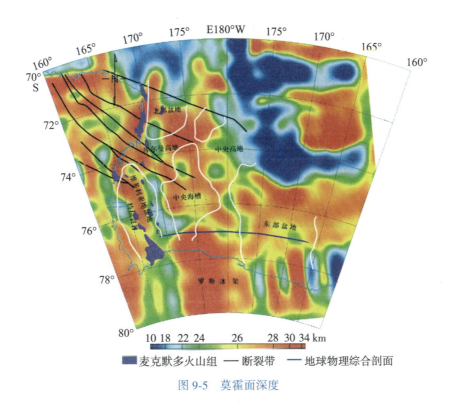

图 9-5 莫霍面深度

党的二十大报告指出："我们加快推进科技自立自强，全社会研发经费支出从一万亿元增加到二万八千亿元，居世界第二位，研发人员总量居世界首位。基础研究和原始创新不断加强，一些关键核心技术实现突破，战略性新兴产业发展壮大，载人航天、探月探火、深海深地探测、超级计算机、卫星导航、量子信息、核电技术、新能源技术、大飞机制造、生物医药等取得重大成果，进入创新型国家行列。"

2008年开始，我国深地探测技术与实验研究专项启动，揭开了中国挺进地心的序幕。作为我国首个商业开发的大型页岩气田，涪陵页岩气田自2012年取得勘探重大突破，至今累产气突破445亿立方米，累计探明储量近9000亿立方米，占我国页岩气探明储量的34%。445亿立方米可供100万户家庭用244年，它更意味着起步较晚的中国页岩气开发实现跨越式发展，为全球页岩气开发提供了中国样本。2014年4月13日，由我国自主研发的万米钻机"地壳一号"（图9-6）在位于松辽盆地的松科二井现场实施开钻作业，获得的岩心，为我国科学家建立地球演化档案提供了难得的资料，也为大庆油田未来50年发展和我国能源安全提供了重要的数据支撑。它还可以帮助探究距今1.4亿年至6500万年期间（即白垩纪时期）重大地质事件、烃源岩的生成与古环境古气候变化的奥秘。

深地探测计划用20年的时间，将我国领土做一个详细扫描，把矿集区、地震带、

图9-6 "地壳一号"钻井

地壳内部到莫霍面结构透明化。希望深地探测让我们能够比较准确地预警地震,在地球科学理论上有所创新,真正创造出符合中国地质特点又能适用全球的地质科学理论。

主要参考文献

[1] 晁定波,申文斌,王正涛. 确定全球厘米级精度大地水准面的可能性和方法探讨[J]. 测绘学报,2007,36(4):370-376.

[2] 程鹏飞,成英燕. 基于 GNSS 的 CGCS 2000 数据处理技术综述[J]. 武汉大学学报(信息科学版),2018,43(12):2071-2078.

[3] 程鹏飞,成英燕,秘金钟,等. 国家大地坐标系建立的理论与实践[M]. 北京:测绘出版社,2017.

[4] 成英燕,党亚民,秘金钟,等. CGCS 2000 框架维持方法分析[J]. 武汉大学学报(信息科学版),2017,42(4):543-549.

[5] 党亚民,郭春喜,蒋涛,等. 2020 珠峰测量与高程确定[J]. 测绘学报,2021,50(4):556-561.

[6] 丁敏杰. VLBI 相位参考中的电离层延迟改正[D]. 郑州:解放军信息工程大学,2017.

[7] 范昊鹏. 新一代大地测量 VLBI 关键技术及应用研究[D]. 郑州:战略支援部队信息工程大学,2018.

[8] 何冰,王小亚,王家松. 多种空间大地测量技术内综合方法研究及精度分析[J]. 天文学进展,2018,36(2):189-204.

[9] 贺小星,花向红,鲁铁定,等. 时间跨度对 GPS 坐标序列噪声模型及速度估计影响分析[J]. 国防科技大学学报,2017,39(6):12-18.

[10] 蒋涛,党亚民,郭春喜,等. 国际高程参考系在珠峰地区的实现[J]. 测绘学报,2022,51(8):1757-1767.

[11] 晋泽辉. 基于 GRACE/GRACE-FO 重力卫星的黄河流域蒸散发和干旱演化特征研究[D]. 西安:长安大学,2022.

[12] 李建成,宁津生,晁定波,等. 卫星测高在大地测量学中的应用及进展[J]. 测绘科学,2006,31(6):19-24.

[13] 李晓光,程鹏飞,成英燕. GNSS 数据质量分析[J]. 测绘通报,2017(3):1-4,8.

[14] 李征航,魏二虎,王正涛,等. 空间大地测量学[M]. 武汉:武汉大学出版社,2010.

[15] 卢立果，鲁铁定，吴汤婷，等．下三角Cholesky分解的整数高斯变换算法［J］．测绘科学，2017，42(12)：57-62，76．

[16] 马龙，郑彦鹏．南极罗斯海重力场特征及莫霍面深度反演［J］．海洋学报，2020，42(1)：144-153．

[17] 宁津生，罗志才，李建成．我国省市级大地水准面精化的现状及技术模式［J］．大地测量与地球动力学，2004，24(1)：6-10．

[18] 欧阳明达．测高数据反演海底地形研究进展与展望［J］．地球物理学进展，2022，37(6)：2291-2300．

[19] 钱志瀚．VLBI技术在我国的发展历程及其在航天工程中的应用［EB/OL］．(2019-10-18)［2023-06-07］．http：//www.shao.ac.cn/ann70/gzdt/201910/t20191008_5404073.html．

[20] 邱欢．利用GRACE/GRACE-FO的青藏地区强震重力变化特征研究［D］．徐州：中国矿业大学，2022．

[21] 中华人民共和国国家质量监督检验检疫总局，中国国家标准化管理委员会．区域似大地水准面精化基本技术规定：GB/T 23709—2009［S］．北京：中国标准出版社，2009：8．

[22] 孙付平，贾彦锋，朱新慧，等．毫米级地球参考框架动态维持技术研究进展［J］．武汉大学学报(信息科学版)，2022，47(10)：1688-1700．

[23] 孙和平，李倩倩，鲍李峰，等．全球海底地形精细建模进展与发展趋势［J］．武汉大学学报(信息科学版)，2022，47(10)：1555-1567．

[24] 孙焱，张波，舒逢春．地球卫星VLBI观测研究进展［J］．天文学进展，2019，37(1)：45-60．

[25] 孙中苗，管斌，翟振和，等．海洋卫星测高及其反演全球海洋重力场和海底地形模型研究进展［J］．测绘学报，2022，51(6)：923-934．

[26] 汪鸿生．略论大地测量学的研究方向［J］．测绘科技动态，1992(Z1)：24-25，29．

[27] 王虎，李建成，党亚民，等．PPP网解UPD模糊度固定技术监测尼泊尔Ms8.1级地震对中国珠峰地区及周边地震同震位移［J］．测绘学报，2016，45(S2)：147-155．

[28] 王建强．弹道学中重力场模型重构理论与方法［M］．武汉：中国地质大学出版社，2018．

[29] 王建强，李建成，赵国强，等．利用Clenshaw求和计算大地水准面差距［J］．武汉大学学报(信息科学版)，2010，35(3)：286-289．

[30] 王建强，孙云龙．虚拟球谐方法逼近市级大地水准面计算分析［J］．大地测量与地球动力学，2022，42(2)：115-118，192．

[31] 王建强，薛剑锋，赵宝贵，等．测量学基础［M］．武汉：中国地质大学出版社，2023．

[32] 王建强，张飞．随机误差对七参数转换模型的影响分析［J］．测绘科学，2016，41

（9）：20-24.

[33] 王乐洋,许光煜,陈晓勇. 附有相对权比的 PEIV 模型总体最小二乘平差[J]. 武汉大学学报(信息科学版),2017,42(6)：857-863.

[34] 王乐洋,余航. 附有相对权比的加权总体最小二乘联合平差方法[J]. 武汉大学学报(信息科学版),2019,44(8)：1233-1240.

[35] 王涛,程鹏飞,成英燕. 相位平滑伪距对 GNSS 定位精度的影响[J]. 导航定位学报,2018,6(4)：14-18.

[36] 吴元伟. 反映地球自转的世界时④地球和天球参考架[EB/OL]. (2022-08-09)[2023-04-18]. https：//mp. weixin. qq. com/s？_biz = MzU5NDQ5MzgzMA = = &mid = 2247486265&idx = 1&sn = 6f1a7ca0e483d43cf46de3999503a96c&chksm = fe0123d0c976aac600dc5281c01e37a55dfdaaeede96b5bff28fc7c4963fe74bdb473051e45a&scene = 27.

[37] 许厚泽. 全球高程系统的统一问题[J]. 测绘学报,2017,46(8)：939-944.

[38] 许厚泽. 卫星重力研究：21 世纪大地测量研究的新热点[J]. 测绘科学,2001,26(3)：1-3.

[39] 许厚泽,周旭华,彭碧波. 卫星重力测量[J]. 地理空间信息,2005,3(1)：1-3.

[40] 姚向东. GNSS/VLBI/SLR/DORIS 多源数据融合历元地球参考框架实现方法研究[D]. 青岛：山东科技大学,2018.

[41] 袁翠. 基于多源卫星测高数据的全球湖泊动态监测(1992—2020)[D]. 北京：清华大学,2021.

[42] 张龙平,党亚民,成英燕. 北斗 GEO/IGSO/MEO 卫星定轨地面站构型影响分析及其优化[J]. 测绘学报,2016,45(S2)：82-92.

[43] 张永浩,成英燕,王虎,等. BDS 与 GPS 数据解算地球自转参数精度分析[J]. 测绘科学,2018,43(12)：13-16,33.

[44] 翟国君,黄谟涛,欧阳永忠,等. 卫星测高原理及应用[J]. 海洋测绘,2002,22(1)：57-62.

[45] 郑伟. 基于卫星重力测量恢复地球重力场的理论和方法[D]. 武汉：华中科技大学,2007.

[46] 郑伟,许厚泽,钟敏,等. 国际卫星重力梯度测量计划研究进展[J]. 测绘科学,2010,35(2)：57-61.

[47] ALBERTELLA A,MIGLIACCIO F,SANSO F. GOCE：the Earth gravity field by space gradiometry[J]. Celestial Mechanics and Dynamical Astronomy,2002,83(1)：1-15.

[48] ALTAMIMI Z,REBISCHUNG P,COLLILIEUX X,et al. ITRF2020：an augmented reference frame refining the modeling of nonlinear station motions[J/OL]. Journal of geodesy,(2023-05-19)[2023-10-10]. https：//doi. org/10. 1007/s00190-023-01738-w.

[49] Geoscience Australia. AUS geoid2020[EB/OL]. (2023-12-03)[2023-12-06]. https：//geodesyapps. ga. gov. au/ausgeoid2020.

[50] Government of canada. Height Reference System Modernization[EB/OL]. (2022-11-03)[2023-12-06]. https://natural-resources.canada.ca/maps-tools-and-publications/geodetic-reference-systems/height-reference-system-modernization/9054#_Toc3729015.

[51] GRACE data. CSR GRACE/GRACE-FO RL06.2 Mascon Solutions (RL0602)[EB/OL]. (2023-11-20)[2023-12-06]. https://www2.csr.utexas.edu/grace/RL06_mascons.html.

[52] MCCUBBINE J C, AMOS M J, TONTINI F C, et al. The New Zealand gravimetric quasi-geoid model 2017 that incorporates nation wide airborne gradiometry[J]. Journal of Geodesy, 2018, 92(8): 923-937.

[53] National Geodetic Survey. The NGS Geoid Page[EB/OL]. (2022-02-02)[2023-06-10]. https://www.ngs.noaa.gov/GEOID/.

[54] SHUANGXIAO L, CHUNQIAO S, LINGHONG K, et al. Satellite Laser Altimetry Reveals a Net Water Mass Gain in Global Lakes With Spatial Heterogeneity in the Early 21st Century[J]. Geophysical Research Letters, 2022, 49(3): e2021GL096676.

[55] SNEEUW N, JOSE VAN DEN IJSSEL, KOOP R, et al. Validation of fast pre-mission error analysis of the GOCE gradiometry mission by a full gravity field recovery simulation[J]. Journal of Geodynamics, 2002, 33(1-2): 43-52.

[56] VAN GELDEREN M, KOOP R. The use of degree variances in satellite gradiometry[J]. Journal of Geodesy, 1997, 71(4): 337-343.

[57] WANG JIANQIANG, SUN YUNLONG, DAI YANG. Inverse geodetic problem for long distance based on improved Vincenty's formula[J]. Journal of Applied Geodesy, 2022, 16(3): 241-246.

[58] WANG JIANQIANG, WU KEQIANG. Construction of regional geoid using a virtual spherical harmonics model[J]. Journal of Applied Geodesy. 2019, 13(2): 151-158.

附 录

[1] 中国科学院国家授时中心官网。http://www.ntsc.cas.cn
[2] IGS 官网。https://igs.org
[3] 地球观测系统数据和信息系统(EOSDIS)。https://cddis.nasa.gov
[4] 中国卫星导航系统测试评估研究中心官网。http://www.csno-tarc.cn/index/index
[5] 北斗官网。http://www.beidou.gov.cn
[6] 国际大地服务系统(NGS)官网。https://www.ngs.noaa.gov
[7] 大地测量领域在线资源汇总。https://mcraymer.github.io/geodesy/index.html
[8] 空间大地测量项目。https://space-geodesy.nasa.gov/
[9] 地球参考框架。https://www.iers.org/IERS/EN/DataProducts/ITRF/itrf.html